U0348213

人参土壤元素耦合互作及养分高效利用研究

王秋霞　张亚玉　潘晓曦　著

『十四五』时期国家重点出版物出版专项规划项目

中国农业科学技术出版社

图书在版编目（CIP）数据

人参土壤元素耦合互作及养分高效利用研究 / 王秋霞，张亚玉，潘晓曦著. --北京：中国农业科学技术出版社，2023.9

ISBN 978-7-5116-6423-5

Ⅰ.①人⋯ Ⅱ.①王⋯ ②张⋯ ③潘⋯ Ⅲ.①人参－栽培技术－土壤微生物－生物多样性－研究 Ⅳ.①S567.506.1

中国国家版本馆CIP数据核字（2023）第170779号

责任编辑	闫庆健
责任校对	贾若妍　李向荣
责任印制	姜义伟　王思文

出 版 者	中国农业科学技术出版社
	北京市中关村南大街 12 号　　邮编：100081
电　　话	（010）82106632（编辑室）　　　（010）82109702（发行部）
	（010）82109709（读者服务部）
网　　址	https: // castp.caas.cn
经 销 者	各地新华书店
印 刷 者	北京建宏印刷有限公司
开　　本	185 mm × 260 mm　1/16
印　　张	9.5
字　　数	216 千字
版　　次	2023 年 9 月第 1 版　　2023 年 9 月第 1 次印刷
定　　价	98.00 元

　　王秋霞，博士，研究员，硕士研究生导师，中国农业科学院科技创新工程药用植物栽培团队首席科学家。兼任吉林省中药材产业科技创新联盟副理事长、中国中药协会中药生态农业专业委员会委员、中国农学会特产分会委员、吉林省特产学会理事以及中国中药协会人参属药用植物研究发展专业委员会委员。入选吉林省高层次人才、吉林省首批企业"科创专员"、吉林省科技特派员以及三区人才。重点围绕人参、西洋参等北方道地中药材逆境胁迫分子生理、土壤生态以及专用肥料开发等领域开展系统研究。近年来，主持国家自然科学基金、吉林省重点研发等课题15项，参加国家中药材产业体系、国家重点研发计划子课题、吉林省农业关键核心技术示范推广（人参产业技术体系）子课题、中国农业科学院协同创新工程等项目4项；以第一发明人获得授权发明专利8项（转化1项），实用新型专利1项；在国内外期刊发表文章50余篇，主著专著1部，主编和参编著作6部；获省级验收成果10余项，获吉林省科技进步奖2项，获吉林市和长春市科技进步奖2项。

《人参土壤元素耦合互作及养分高效利用研究》

著者名单

主　著：王秋霞　　张亚玉　　潘晓曦

参　著：金　桥　　张淋淋　　刘政波

　　　　　张　悦　　关一鸣　　孙　海

　　　　　邵　财　　马筱琳

前　言

　　人参（*Panax ginseng* C.A. Meyer）为五加科人参属多年生药用植物，素有"百草之王"的美誉，是古生物第三纪幸存下来的极其珍贵的植物活化石，为我国东北三宝之一。人参作为重要的名贵中药材和保健佳品，具有大补元气、固脱生津、安神益智之功效，在中国已有几千年的药用历史，在国内外中药领域占有非常重要的地位。人参在各领域应用广泛，如保健品、食品、中医药、烟酒产品以及化妆品等行业。人参主产于中国的东北三省，在世界各地也都有分布，如俄罗斯、韩国、朝鲜、加拿大、美国等。中国人参总产量约占全世界人参总产量的70%，而吉林省人参的产量约占全国人参总产量的60%。中国人参种植的道地产区主要集中在吉林省长白山一带，人参产业是该地区主要经济来源之一。吉林省人参在中国乃至世界人参产业中都占有重要地位。据史料记载，人参栽培始于晋朝，到目前为止中国人参的栽培已有1 600多年的历史。但是，人参在栽培过程中依然存在土壤养分失衡、病害高发等问题，严重影响产量和品质。

　　养分是人参生长发育和品质形成的物质基础。但是随着人参栽培年限的增加，土壤出现酸化、养分失衡、病原微生物显著增加等问题，导致人参红皮病等生理性病害和锈腐病、根腐病、灰霉病等侵染性病害高发，人参保苗率和商品等级降低，最终造成人参品质和产量的双重下降，严重影响了人参种植的经济效益。土壤活性铁等元素含量过高是人参土壤元素失衡的主要表现之一，是诱发人参红皮病（生理性病害）等病害的主要原因。红皮病是人参栽培生产中的主要病害之一，它引起参根部周皮出现红褐色斑块，且病斑随着栽培年限的增加逐渐扩大，使参根商品等级下降，品质变差。一般发病较轻的地块发病率占10%左右，而发病严重的地块发病率往往高达80%以上，影响人参种植的经济效益，制约着中国人参产业健康可持续发展。研究发现，人参红皮病根际土壤铁循环与硝酸盐的还原过程是互相耦合的，Nitrospirae（硝化螺旋菌）将亚硝酸盐转化为硝酸盐，为活性铁［Fe（II）等］氧化提供物质基础，硝酸盐依赖的Fe（II）氧化细菌

（Acidobacteria，Chloroflexi等）将根际土壤的活性铁氧化为非活性铁而沉积在人参根表面，将硝酸盐重新还原为亚硝酸盐，铁元素的氧化耦合硝酸盐还原在该过程中起关键作用。进一步分析发现，铁毒胁迫下过量的铁在人参体内累积，参与苯丙烷类、黄酮类、异黄酮和单体皂苷合成途径的关键酶显著上调表达，进而促进木质素、黄酮、异黄酮等次生代谢产物的累积，这些次生代谢产物在降低氧化胁迫、螯合铁以增强铁毒抗性等方面起重要作用。所以，根部表皮变红是人参体内过量累积铁后的一种应激反应。提高铁毒胁迫抗性是预防人参红皮病的有效方法。从元素互作角度研制出能预防人参红皮病的土壤调理剂，解决了防控人参红皮病的技术难题，防控效果显著。

除土壤养分外，土壤微生物在土壤中主要承担分解者的作用，它们参与生态系统中的物质循环过程，保证了植物根际土壤生态系统的稳定；另外土壤微生物生命活动如发酵、呼吸、分解等作用对植物根系也产生巨大影响。随着栽培年限的增加，人参土壤微生物多样性显著降低，群落结构发生改变。其中，高年生人参土壤pH值的显著降低导致适宜偏中度或弱酸环境的拮抗微生物丰度降低，而适宜强酸性土壤环境的一些潜在病原微生物丰度增加；同时挖掘出与土壤氮、磷、有机质等养分转化密切相关的多种微生物。所以，栽培年限的增加导致土壤中的有益微生物丰度降低，病原微生物丰度增加，进而造成土壤养分失衡、土传病害发生率增加。有益微生物的开发和应用对于抑制有害微生物的生长，改良重塑土壤微生物菌群结构，提高土壤养分的利用效率具有重要作用。

中国农业科学院特产研究所（以下简称"特产所"）建于1956年，是全国唯一的专门从事特种经济动、植物资源保护、开发与利用的国家级综合性农业科研机构，也是中国农业科学院在吉林省的唯一直属单位，主要研究对象为珍贵、稀有、经济价值高的特种经济动、植物。特产所始终坚持需求导向原则，立足吉林、面向全国，依托产业链、部署创新链，紧紧围绕人参、梅花鹿、毛皮动物、北方浆果等吉林特色产业的发展需求，开展科学技术创新研究，并取得了一系列创新成果。近5年来，特产所获得省部级奖励38项，其中一等奖6项；发表论文1 111篇，其中SCI论文270篇，在*Science*上发表文章4篇；出版著作65部；获得专利85项、软件著作权67件；制定国际标准1项，国家标准、行业标准8项、地方标准21项，获得国家有证标准物质2个；获得新兽药证书8个；承担"863计划""973计划"、国家自然科学基金、重点研发计划等项目305项，项目经费3.3亿元。中国农业科学院药用植物栽培创新团队成立于2013年，团队以药用植物栽培理论和栽培关键技术为研究重点，立足于解决药用植物栽培生产过程中存在的问题，系统研究道地中药材驯化、栽培及野生抚育等重点问题。

　　本书在人参方面的研究得到了中国农业科学院科技创新工程（CAAS-ASTIP-2021-ISAPS）、国家自然科学基金（81903755）、现代农业产业技术体系（CARS-21）、省市级重点研发项目（20220202114NC，21ZGY17）以及吉林省农业关键核心技术示范推广（人参产业技术体系）子课题（202300401-2）的资助。

王秋霞

2023年6月

目　录

第一章

栽参前后土壤养分和微生物变化分析

多年生作物连续种植产生的问题给全球多种作物带来影响，并造成农业经济的严重损失。连续耕作产生的问题涉及多种因素，包括土壤理化性质的恶化和土传病害的暴发。我们发现人参连作障碍不仅会造成土壤中的pH、有机碳和全氮等含量降低的影响，而且可能增加致病性微生物，如*Plectosphaerella*、枝孢属*Cladosporium*和链格孢属*Alternaria*；或是减少有益微生物，如亚硝化螺菌属*Nitrosospira*、*Cephalotrichum*和腐质霉属*Humicola*。总之，在人参的连续种植过程中，土壤微生物和化学性质的多个方面发生了负面变化，并导致人参病害。因此，研究这些综合因素可能有助于解决人参在连续栽培中出现的问题。

第一节 栽参前后土壤养分变化分析

土壤的养分状况直接影响人参的生长和发育。人参连作年限增加会造成土壤板结、容重增大、孔隙度减少和严重酸化等现象。有机质、氮、磷和钾含量是人参土壤重要指标，其中有机质具有保水、保肥、增加通气性等功能，能够提高其耕作能力；速效成分氮、磷、钾直接反映养分的供应水平，可根据其含量丰缺情况指导人参栽培过程中的施肥工作。虽然一定的胁迫环境有利于人参次生代谢产物的积累，但同时会造成人参产量降低。因此，适宜的土壤环境是人参优质外形形成和产量保证及有效成分积累的关键。

一、土壤样品的采集及养分含量测定

本研究收集了吉林省通化市、延边朝鲜族自治州龙井市和汪清县的样本。这3个地区是中国主要的农田栽培人参产区，采样点在从事人参种植之前都是玉米地，土壤类型为黑钙土。通化市采样点（北纬41°34′17.179″，东经126°6′13.506″）属北温带大陆性季风气候，年平均降水量870 mm，年平均气温5.5℃，年日照时间2 200 h。龙井市采样点（北纬42°43′40.284″，东经129°18′57.687″），属中温带季风气候，年平均降水量549 mm，年平均气温5.6℃，年日照时间2 429 h。汪清县（采样点北纬43°30′21.386″，东经129°47′39.465″）属中温带湿暖气候区，年平均降水量575 mm，年平均气温4.9℃，年日照时间2 234 h。

本研究分别采集了通化市1年、5年生人参土壤，龙井市和汪清县2年、3年生人参土壤，这些土壤均采集自非移栽人参，实测人参根部至土表的距离约为20 cm。每个处理随机选择6个采样点（45 m²），从每个采样点随机选择8株人参幼苗并汇集为一个样品。使用刷根法收集黏附在人参根部的根际土壤。同时，以采集深度20 cm处的未栽参土壤为对照土。收集48份土壤样品（4个处理和相应对照土）通过0.15 mm筛，将样品分为两部分。一部分样品用于分析土壤性质，另一部分储存在-80℃条件下以进行下一步的微生物测序。

使用玻璃电极（瑞士，SK220）以1：2.5（土壤：水）的比例测量土壤pH值；使用元素分析仪（德国，Vario EL）测定总氮（TN）和总土壤有机碳（TOC）含量；使用钼锑抗比色法测量总磷（TP）含量；采用氢氧化钠（上海麦克林，S817970-500 g，CAS：1310-73-2）火焰光度计法测定总钾（TK）含量；使用连续流动分析仪（德国，SEAL AA3）分析土壤中的铵态氮（NH_4^--N）和硝态氮（NO_3^--N）含量；用0.5M碳酸氢钠（pH = 8.5）（上海麦克林，S818080-500 g，CAS：144-55-8）提取30 min后，通过钼锑抗比色法测定有效磷（AP）含量；使用乙酸钠（上海麦克林，A800996-500 g，CAS：631-61-8）提取，火焰光度计测量有效钾（AK）含量。

二、栽参前后土壤养分变化分析

栽参前后土壤养分不仅在不同种类上存在变化，而且在不同年份上也存在差异（表1-1）。栽参前后除了土壤全钾和铵态氮没有显著变化，其余土壤养分指标包括pH值、有机碳、全氮、全磷、硝态氮、速效磷和速效钾至少在1个年份中存在显著差异（$P < 0.05$）。其中，1年生（5.72）和2年生（5.38）人参土壤pH值较栽参前提高，

尤其是1年生人参土壤pH值呈极显著提高（$P < 0.001$）；然而较高年生（3年、5年）人参的土壤pH值（4.71~5.99）相比栽参前土壤pH值（5.10~6.26）呈降低变化，且5年生人参土壤pH值下降极显著（$P < 0.001$）。土壤有机碳含量除2年生人参外均减少，其中3、5年生的含量分别为11.78 g/kg和21.15 g/kg，显著低于未栽培人参土壤（30.42~30.87 g/kg）（$P < 0.05$）。土壤全氮的变化趋势与pH值变化趋势一致，都是在低年生增加而较高年生减少，具体的是1年生和2年生人参土壤全氮为0.72 g/kg和1.24 g/kg，分别比对照高出7.46%和113.79%。此外，土壤全磷和硝态氮含量在各个年份都呈增长趋势，其中土壤全磷在5年生人参土壤中含量为2.93 g/kg，显著高于对照（2.48 g/kg）（$P < 0.05$）；土壤硝态氮分别在1年（71.14 mg/kg）、2年（38.62 mg/kg）和5年（93.22 mg/kg）的含量显著高出对照177.24%、348.03%和311.75%（$P < 0.05$）。土壤速效磷含量变化趋势与pH值、全氮的变化趋势相反，它在低年生人参土壤中下降而在较高年生土壤中上升，1年生人参土壤速效磷含量为187.27 mg/kg，显著低于对照（263.72 mg/kg）（$P < 0.05$）；5年生土壤速效磷为269.42 mg/kg，比对照极显著高出72.82%（$P < 0.001$）。1年、2年和5年生人参土壤速效钾含量分别为222.23 mg/kg、181.39 mg/kg和395.51 mg/kg，分别比对照显著增加147.42%、38.82%和189.47%（$P < 0.05$）。总之，不同养分在各个年份栽培人参土壤中存在增加或减少的情况，且在不同阶段可能存在显著差异。

栽培人参土壤pH值与微生物群落结构显著相关（图1-1c）。表1-1表明，观察到3年、5年生人参土壤中的pH值降低；这一发现与先前学者的研究结果一致，并且他们强调在人参连作期间，pH值等土壤性质是塑造土壤真菌群落组成的主要驱动因素。pH值与人参的红皮病和锈腐病密切相关，且健康土壤的pH值显著高于根腐病土壤。与对照样品相比，1年、2年生人参土壤pH值较高（表1-1），说明pH值在低年生人参对土壤有害微生物群落丰度的影响中可能起着重要作用。此外，NH_4^+-N含量的增加可能是3年、5年生人参土壤酸化的原因之一（表1-1）。随着NH_4^+氧化为NO_3^-并释放出H^+，土壤硝酸盐水平的增加通常伴随着土壤pH值的降低。此外，科研人员在栽培人参土壤中发现土壤碳利用率随着栽培时间的增加而增加；同样在本研究中，3年、5年生人参土壤的TOC含量显著降低（表1-1）。图1-1d表明，TOC含量是影响真菌群落组成的最重要因素之一。当土壤中的原生微生物获得碳源供应和良好的生态环境时，其繁殖和代谢活动将加快。根据之前的一项研究，微生物接种剂可以提高人参土壤的pH值和TOC含量，抑制有害微生物的生长，促进有益微生物的生长。因此，有必要提高较高年生栽培人参土壤的pH值和TOC含量。

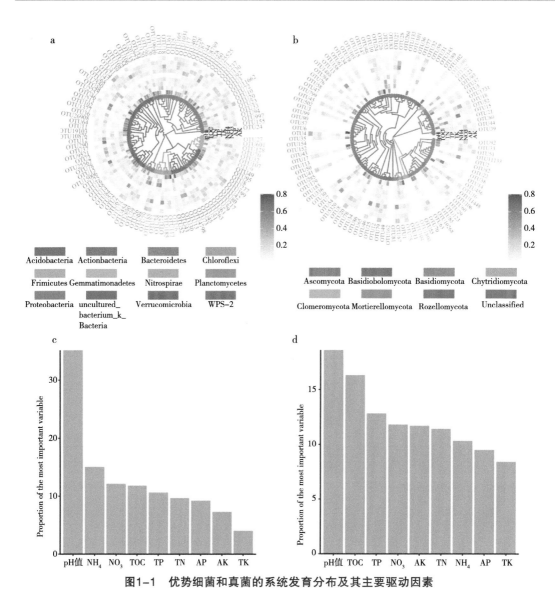

图1-1　优势细菌和真菌的系统发育分布及其主要驱动因素

表1-1　栽培人参前后土壤化学性质变化

处理	pH值	TOC	TN	TP	TK	NH₄⁺-N	NO₃⁻-N	AP	AK
		g·kg⁻¹				mg·kg⁻¹			
CK1	4.44 ± 0.35	24.2 ± 5.09	0.67 ± 0.38	3.26 ± 1.25	6.95 ± 2.55	26.04 ± 21.37	25.66 ± 19.55	263.72 ± 35.08	89.82 ± 32.42
R1	5.72 ± 0.31***	22.2 ± 4.36 NS	0.72 ± 0.43 NS	3.36 ± 1.59 NS	5.68 ± 0.16 NS	8.41 ± 1.46 NS	71.14 ± 40.56*	187.27 ± 51.79*	222.23 ± 39.14***

（续表）

处理	pH值	TOC	TN	TP	TK	NH$_4^+$-N	NO$_3^-$-N	AP	AK
		g·kg^{-1}				mg·kg^{-1}			
CK2	5.29 ± 0.25	12.36 ± 3.55	0.58 ± 0.18	0.67 ± 0.47	5.78 ± 0.37	8.42 ± 1.95	8.62 ± 4.91	144.48 ± 58.58	130.67 ± 34.76
R2	5.38 ± 0.12 NS	14.29 ± 1.08 NS	1.24 ± 0.11***	0.79 ± 0.37 NS	6.02 ± 0.17 NS	8.82 ± 0.9 NS	38.62 ± 28.18*	125.00 ± 40.32 NS	181.39 ± 5.92*
CK3	6.26 ± 0.21	30.87 ± 12.25	1.83 ± 0.9	1.24 ± 0.64	6.77 ± 0.58	11.80 ± 2.7	6.05 ± 4.93	97.47 ± 56.92	134.62 ± 55.36
R3	5.99 ± 0.4 NS	11.78 ± 1.99*	0.50 ± 0.2*	1.44 ± 0.57 NS	6.68 ± 0.82 NS	11.90 ± 2.4 NS	33.20 ± 29.95 NS	146.08 ± 68.87 NS	115.51 ± 24.2 NS
CK5	5.10 ± 0.18	30.42 ± 1.28	0.90 ± 0.2	2.48 ± 0.39	6.75 ± 1.06	9.97 ± 0.85	22.64 ± 7.76	155.90 ± 28.55	135.94 ± 48.21
R5	4.71 ± 0.16**	21.15 ± 1.77***	0.51 ± 0.21**	2.93 ± 0.26*	6.47 ± 0.37 NS	14.23 ± 6.02 NS	93.22 ± 26.84***	269.42 ± 32***	393.51 ± 44.8***

R1、R2、R3、R5分别表示1、2、3、5年连续种植的人参土壤；CK1、CK2、CK3、CK5是相应的对照土壤。数据以平均值±SD（$n=6$）表示。

***、**、*表示对照与栽培人参土壤之间的差异显著性，分别为$P<0.001$、$P<0.01$和$P<0.05$，NS表示无显著差异（t检验）。

土壤pH值可能是镰刀菌生长的重要驱动因素（图1-1b）。此前的大量研究表明，在pH值较低的土壤中，镰刀菌的丰度更高。与对照相比，5年生人参土壤pH值极显著降低（$P<0.01$）（表1-1），且镰刀菌是其微生物群落网络的关键属。这些结果表明，pH值的降低可能促进了镰刀菌的繁殖，并影响了镰刀菌与其他微生物的相互作用。通过网络分析，5年生人参土壤中镰刀菌丰度与其他微生物的正相关多于负相关。因此，较低的pH值可能为镰刀菌与其他微生物协同作用提供了条件。然而，1年生人参土壤pH值高于对照，且镰刀菌属是其微生物群落网络的关键属；但镰刀菌与其他微生物的负相关多于正相关。因此，高pH值可能会拮抗镰刀菌与其他微生物的相互作用，提高土壤pH值可能是抑制镰刀菌繁殖的有效方法。

人参根际微生物对各种土壤因子表现出明显的偏好。NO$_3^-$-N、pH值和TP分别是芽单胞菌属（*Gemmatimonas*）、硝化菌属（*Nitrolancea*）和黄色土源菌属（*Flavisolibacter*）生长的驱动因素（图1-1）。有研究报道称*Flavisolibacter*是一种促进植物生长的益生菌，与土壤有效磷浓度呈正相关。这与本研究结果相反，在本研究中，*Flavisolibacter*与全磷和有效磷含量均呈显著负相关。随后的网络分析表明*Flavisolibacter*与大多数微生物呈负相关，说明*Flavisolibacter*的丰度可能本质上是受到其他微生物的影响，而不是磷含量，从而导致丰度下降。此外*Gemmatimonas*是一种能进行光合作用的有益细菌。在本研究中，NO_3^--N含量对*Gemmatimonas*有重要影响，并与其丰度显著正相关，这与先前研究人员的研究结果一致，他们也发现NO_3^--N含量是影响*Gemmatimonas*生长的主要因素。土壤pH值被证明显著影响硝化菌群落组成，*Nitrolancea*将亚硝酸盐氧化为NO_3^-并释放H^+，这也被*Nitrolancea*与pH值之间极显著的负相关性所证实（图1-2），而NO_3^-营养物质有助于提高植物的抗逆性。因此，低pH值的人参土壤对人参栽培也有着积极的一面。

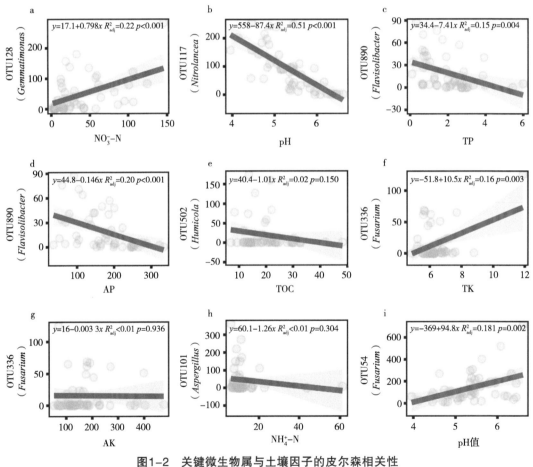

图1-2 关键微生物属与土壤因子的皮尔森相关性

钾营养已被用于防治植物真菌和细菌病害。此前的一项研究表明，钾可能抑制镰刀菌*Fusarium*的活性。AK含量与*Fusarium*丰度之间的负相关可能支持这一结果，然而，本研究发现*Fusarium*与TK含量呈显著正相关。TK含量的增加可以促进植物根系的吸收代谢，影响土壤微生物的功能多样性。先前的学者发现*Fusarium*与TK含量间接正相关，而且钾肥可以促进镰刀菌的生长，因此，TK含量增加可能有利于镰刀菌的繁殖。上述结果表明，高TK含量的农田可能促进镰刀菌的繁殖，而高AK含量的农田则可能抑制镰刀菌的生长。因此，有必要在控制TK含量的同时增加AK含量，以抑制镰刀菌的繁殖。

第二节　栽参前后土壤微生物群落结构变化分析

根际微生物群落的多样性和组成对于维持土壤质量和植物健康至关重要，微生物群落既有对植物有益的微生物又有对植物有害的微生物。有益的微生物参与养分循环给植物提供营养，保护植物免受病原体的侵害，并增强它们对非生物胁迫的耐受性。然而，病原微生物会减缓植物生长，降低存苗率并导致产量损失。连续种植过程导致土壤微生物群落中有益细菌的消耗和病原微生物的丰度增加，并且会随着时间的推移变得更加明显。在人参栽培过程中，土壤微生物最重要的功能之一就是对土壤理化因子的变化作出反应。本节阐述的内容及结果有助于更好地了解栽培年限对人参土壤微生物群落结构的影响，为人参栽培提供理论依据。

一、土壤样品的采集及微生物含量测定

土壤样品的采集方法与第一章第一节相同。

使用快速DNA旋转试剂盒（美国，MP Biomedicals）从0.4 g土壤样品（储存在−80℃）中提取DNA。使用1.8％琼脂糖凝胶电泳和分光光度计（美国，NanoDrop-1000）测定DNA的质量和数量。在以下条件下使用338F（5′-ACTCCTACGGGAGGCAGCA-3′）和806R（5′-GGACTACHVGGGTWTCTAAT-3′）引物扩增细菌16S rRNA基因的V3-V4区域：在95℃下变性10 min，然后进行40次95℃ 15 s的循环，55℃持续60 s，72℃持续90 s，最终在72℃下保持7 min。使用ITS1（5′-CTTGGTCATTTAGAGGAAGTAA-3′）和ITS2（5′-GCTGGTTCTTCATCGATGC-3′）引物在以下条件下扩增内部转录间隔区（ITS）：在95℃下变性5 min，然后进行30次95℃ 15 s的循环，50℃持续30 s，在72℃下持续40 s。PCR产物用磁珠纯化，

使用酶标仪（BioTek，Synergy HTX）定量后等量混合。参考了用于文库构建的TruSeq Nano DNA LT文库制备试剂盒来构建文库，并将构建的文库用安捷伦生物分析仪进行质量检测。在文库检测合格后使用Illumina NovaSeq 6000进行机载测序。测序服务由百迈客技术公司（中国北京）提供。

对从高通量测序中获得的原始数据进行分析的过程如下所述。

（1）采用QIIME 2软件包（http://qiime2.org/）对序列进行分析，根据条形码序列和PCR扩增引物序列从离线数据中分离出每个序列。原始标签数据是在截断样本数据的条形码后获得的。

（2）DADA2方法主要用于去除引物、过滤质量、去噪、剪接和去除嵌合体，使样品不再因相似性而聚集；仅删除重复样本或等效于100%相似度聚类的样本。通过DADA2进行质量控制后生成的每个去重复序列都被确定为一个操作分类单元（OTU）。

（3）使用Greengenes数据库（http://greengenes.secondgenome.com/）分析细菌，使用UNITE数据库（https://unite.ut.ee/）分析真菌。置信阈值设置为80%，以对OTU序列进行物种注释，并计算每个样本在每个分类水平上的群落组成。

（4）采用稀疏法从每个样品中随机提取一定数量的序列，以达到均匀的深度（最小样品序列量的95%），并预测在该测序深度下观察到的OTU及其在每个样品中的相对丰度。

二、栽参前后土壤微生物群落结构变化分析

与各年份人参土壤相应对照比较，栽培人参土壤细菌的丰富度（Chao 1指数）和α多样性（Shannon指数）在1年、3年和5年增加，而在2年呈减少变化（图1-3a、b）。此外，仅有5年生人参土壤真菌的Shannon和Chao1指数显著低于对照（$P<0.05$），其余比较无显著差异。其中，1年、2年生人参土壤真菌Shannon指数分别高于相应对照，而3年生人参土壤低于相应对照。1年生真菌Chao1指数在1年生人参土壤中高于对照；而2年、3年生人参土壤低于相应对照（图1-3c、d）。

人参土壤中细菌丰度的相对变化在栽培和未栽培人参土壤中没有规律性，而真菌子囊菌门和担子菌门在各年生人参栽培土壤中均较对照土壤呈增加或减少趋势。4个处理和相应对照中丰度前5位的细菌群分别为变形菌门（Proteobacteria）、酸杆菌门（Acidobacteria）、疣微菌门（Verrucomicrobia）、拟杆菌门（Bacteroidetes）和放线菌门（Actinobacteria）（图1-3e）。其中，只有1年生人参土壤Acidobacteria比对照

（19.17%）高4.67%，其余2年（21.91%）、3年（21.62%）和5年生（16.77%）人参土壤Acidobacteria比相应对照分别少了19.77%、30.53%和23.39%。真菌方面，子囊菌门（Ascomycota）、担子菌门（Basidiomycota）和被孢霉门（Mortierellomycota）的数量占主导地位，占真菌总群落的90%以上（图1-3f）。子囊菌门的相对丰度以1年、2年、3年和5年生人参土壤最高，分别达到52.21%、58.12%、72.69%和65.67%，比相应对照高出35.81%、35.82%、62.17%和36.49%。

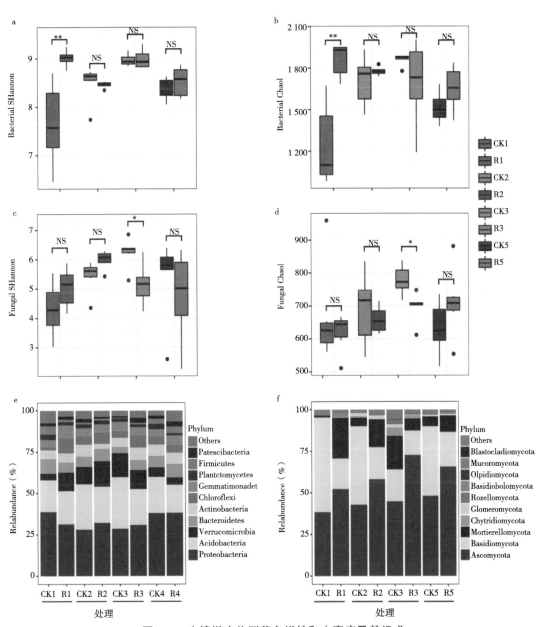

图1-3 土壤微生物群落多样性和丰富度及其组成

改善土壤微生物多样性有助于提高土壤生态肥力，从根本上预防土传病害和连作对作物的影响。总体而言，栽培人参土壤的细菌α多样性高于未栽培人参土壤（图1-3a）；这个结果可能与人参根系分泌物直接促进了一些根际微生物的繁殖，以及植物的次生代谢物将部分光合碳投资于次生代谢物并与土壤微生物形成互惠连接有关。此外，本研究中较高年生人参（3年、5年生）土壤的真菌多样性下降（图1-3c）；这一结果与此前学者报道的数据一致，他们发现随着栽培年限的增加人参土壤微生物多样性降低。

在细菌群落组成方面，本研究发现变形菌门Proteobacteria和酸杆菌门Acidobacteria是所有栽培人参土壤的优势菌群，进一步研究发现，与对照土壤相比，2年、3年和5年生人参土壤中酸杆菌门的丰度有所下降（图1-3e）；酸杆菌门被用作土壤养分变化的指标，连续栽培时间的增加可能导致土壤养分的缺乏，如TOC和TN含量（表1-1），因此，有必要考虑通过添加肥料来提高栽培人参土壤养分含量。此外，在所有栽培人参土壤中，子囊菌门Ascomycota真菌的相对丰度都有持续增加的趋势（图1-3f）。子囊菌门在土壤有机质降解中发挥着重要作用，并通过同化根系分泌物在很大程度上主导着活性真菌种群。1年、2年和5年生人参的土壤TOC含量均低于对照（表1-1），说明子囊菌门可能促进土壤有机碳（SOC）的分解。SOC是控制土壤质量和生产力的重要土壤参数，在全球碳循环中起着至关重要的作用。根据这些结果可以得出结论，人参的种植很容易导致土壤退化，特别是长期连续种植。

第三节　栽参前后土壤微生物功能预测及变化分析

通过GO和KEGG代谢途径的预测差异分析，可以了解到不同分组的样品之间的微生物功能基因在代谢途径上的差异，以及变化的高低。为了解样本群落的环境适应变化的代谢过程提供了一种简便快捷的方法。由于功能预测可以强调土壤微生物群落的生态策略，反映出栽培人参土壤与未栽培人参土壤的显著差异，这有助于掌握人参栽培前后土壤微生物功能的变化，为栽培人参土壤进行科学施肥和补充微生物菌剂提供指导，为人参生长发育提供健康的土壤环境。

一、土壤样品的采集及微生物含量测定

土壤样品的采集及微生物测定方法与第一章第一节相同。

二、栽参前后土壤微生物功能预测及变化分析

微生物群落的变化可能影响土壤微生物群落的整体代谢功能。使用PICRUSt2评估了微生物群落中基因功能的KEGG途径分析，以了解有关栽培人参前后土壤中微生物功能的更多信息，结果如图1-4所示。在细菌中，1年生人参土壤中以最高频率存在的主要微生物功能是卡尔文-本森-巴沙姆循环、肠杆菌蛋白生物合成和蔗糖生物合成I（来自光合作用）（图1-4a）。2年生人参土壤中确定的主要微生物功能与L-缬氨酸降解I、L-酪氨酸生物合成的超途径和嘧啶脱氧核糖核苷酸从头生物合成的超途径有关（图1-4b）。在3年生人参土壤中微生物功能减弱的主要包括参与L-缬氨酸生物合成、L-异亮氨酸生物合成I（来自苏氨酸）、顺式-空腔生物合成；而增强的有2-甲基柠檬酸盐循环I（图1-4c）。此外，5年生人参土壤中微生物功能如代谢功能L-蛋氨酸回收循环Ⅲ、丙酮酸发酵为异丁醇（工程）、L-缬氨酸生物合成、L-异亮氨酸生物合成I（来自苏氨酸）和肌苷-5'-磷酸生物合成Ⅱ被下调（图1-4d）。

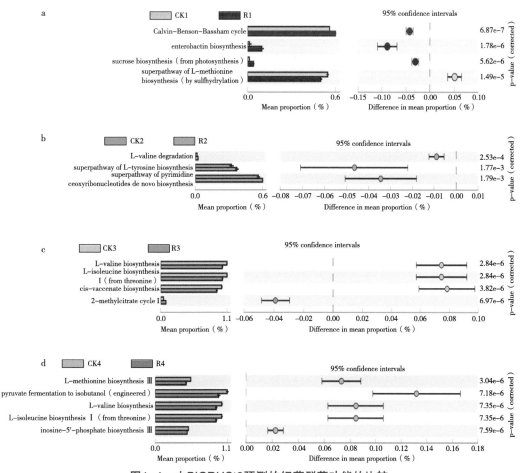

图1-4 由PICRUSt2预测的细菌群落功能的比较

与细菌功能类似，真菌功能在栽培人参土壤中也受到上调和下调。例如，代谢功能未定义的腐养生物（1年生人参），未定义的腐生-未定义的生物营养（1年、5年人参），未定义的腐植-木材腐植（2年、3年人参），真菌寄生虫（2年人参），粪便腐植-植物腐养（2年人参）和植物病原体-未定义的腐生菌（2年人参）被上调；而功能如动物病原体-未定义的腐养生物（1年人参），未定义的腐植-木腐植物（1年、3年人参），内生植物（3年人参），粪腐植-植物腐植物（5年人参），和粪便腐植素（5年人参）被下调。

由于功能预测强调了栽培人参土壤微生物群落的生态策略，与土壤性质一致的功能可能反映了栽培人参土壤与未栽培人参土壤之间的显著差异。由于人参幼苗处于快速生长发育阶段，土壤细菌群落可能倾向于利用与能量转化和氨基酸合成相关的功能来稳定系统性状，以应对土壤养分胁迫和波动（图1-4a、b）。例如，土壤微生物对蔗糖的生物合成（图1-4a）是抵抗环境胁迫的有效方法。通过氨基酸和铁螯合增加植物高度和蛋白质含量不仅提高了植物的质量，还缓解了铁胁迫。因此，低年生的人参通常更有可能缓解土壤中的生物和非生物胁迫。图1-4c、d表明，观察到3年、5年生人参土壤中的氨基酸合成和生理代谢减少，而先前的研究已经记录了代谢在抵抗植物盐胁迫方面极其重要的作用。PICRUSt预测较高年生的栽培人参土壤中的大部分真菌功能是致病性腐生菌和粪便腐生菌。有研究报道表明农田耕作人参土壤中腐生菌的丰度增加，而真菌腐生菌通常负责增加植物病害。因此，人参发病率随着年份的增长而增加可能与氨基酸合成和生理代谢的减少以及真菌腐生菌的增加有关。这些发现将为人参种植的抗病性和潜在机制提供理论理解。

先前的研究报告称，尽管在健康土壤中存在有毒病原体，但由于土壤病原微生物、有益微生物和共生微生物之间存在相互作用和限制，土壤传播的植物病害的发生率较低。较高年生人参发病率高的原因是有益微生物无法与致病菌竞争。相比之下，对低年生人参发病率低的解释是有益微生物的作用大于致病菌的作用。土壤肥力恶化和连续种植增加了病原体的比例，减少了有益和中性微生物的比例。因此，通过施用有机肥和微生物肥，提高土壤pH值，改善人参土壤养分（TOC、AK、NO_3^--N等）状况微生物群落结构，或通过移栽人参，可有效缓解人参连续种植过程中出现的问题。这些方法值得提倡。

第四节　人参土壤微生物多样性对土壤化学因子变化的响应

　　土壤微生物在农业生态系统土壤有机质动态和养分循环中起着重要作用，已被用作土壤质量评定指标。土壤微生物多样性对土壤化学性质变化的响应是复杂的，土壤化学因子与土壤微生物多样性的确切关系在很大程度上是未知的。因此，本研究评估了16个地区不同年生人参土壤微生物多样性对土壤化学特征的响应，以期增加对土壤化学因子变化对土壤微生物群落多样性影响的认识。同时基于不同年生人参土壤pH值、养分因子和微生物群落变化规律分析结果，以微生物多样性指数为参考，筛选不同年生人参土壤pH值和养分范围。为参地土壤改良和不同年生人参合理施肥提供了理论基础和数据支撑。

一、土壤样品的采集及微生物含量测定

　　在东北三省的16个地区共采取94个人参土壤样本，包括1～5年生人参土壤，其个数分别为12、10、18、28和26个（表1-2），土壤化学性质（pH值、有机质、氨态氮、硝态氮、速效磷和速效钾）测定方法与第一章第一节中的土壤样品的采集及养分含量测定的方法一致。

表1-2　土壤样本采集信息　　　　　　　　　　　　　单位：个

省份	地区	1年生	2年生	3年生	4年生	5年生	总和
吉林	延边		6	12			18
吉林	左家	6		6			12
吉林	抚松		4		3	20	27
吉林	通化	6			1	6	13
吉林	长白				2		2
吉林	临江				1		1
吉林	集安				3		3
吉林	柳河				2		2
吉林	敦化				2		2
吉林	汪清				2		2

（续表）

省份	地区	1年生	2年生	3年生	4年生	5年生	总和
吉林	安图				2		2
辽宁	清原				1		1
辽宁	新宾				2		2
辽宁	宽甸				2		2
黑龙江	海林				3		3
黑龙江	通河				2		2
总和		12	10	18	28	26	94

二、土壤微生物多样性与土壤化学因子的相关性分析

采用细菌和真菌Alpha分析指标（ACE，Chao1，Simpson，Shannon）分别与土壤因子包括pH值、有机质（SOM）、速效氮（AN）、氨态氮（NH_4^+-N）、硝态氮（NO_3^--N）、速效磷（AP）和速效钾（AK）含量进行相关性分析。总体上，提高人参土壤微生物多样性的最适pH值范围为5.25 ~ 5.8，有机质为26 ~ 60 g/kg，速效氮为30 ~ 70 mg/kg，氨态氮为10 ~ 35 mg/kg，硝态氮为25 ~ 58 mg/kg，速效磷和速效钾分别为17 ~ 35 mg/kg和130 ~ 185 mg/kg（图1-5）。

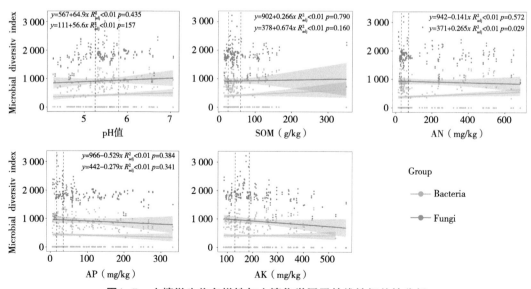

图1-5　土壤微生物多样性与土壤化学因子的线性相关性分析

为进一步细化指导不同年生人参施肥，进行了不同年生人参下土壤微生物多样性与土壤化学性质的相关性分析。结果表明，1～5年生人参土壤最佳pH值范围分别是5.28～5.38、5.35～5.48、5.9～6.03、5.15～5.65和5.29～5.7（图1-6）；有机质最佳含量范围在1～5年生人参土壤中分别为40.7～42.9、35.1～38.1、15.9～20.7、26.2～55.6和120～137 g/kg（图1-7）；此外，1～5年生土壤中速效氮含量最佳范围分别是45.8～48.3、475～650、25.7～32.3、13.2～67和367～545 mg/kg（图1-8）；其中，氨态氮分别为8.9～11.6、8.4～9.5、9～12.5、6～55和10.5～18 mg/kg（图1-9），而硝态氮范围为37～88、20～33、75.5～84、5～57和21～132 mg/kg（图1-10）；另外，试验还观察到速效磷含量范围在1～5年生中所需分别为169～192、10～41、53～122、6～34和23～70 mg/kg（图1-11）；在1～5年生土壤中所需速效钾含量范围为179～190、175～217、126～138.5、136～174和253～379 mg/kg（图1-12）。总而言之，若要提高土壤微生物多样性，土壤pH值需呈先增加（1～3年）后降低（4年、5年）的趋势，但不能低于5.0；1年、2年和5年增加土壤有机质有利于提高微生物多样性；速效氮含量表现为先增高后降低再升高的趋势；氨态氮在1年、2年、3年和5年的差异不大，但在4年具有较大浮动；硝态氮在1年、4年和5年浮动较大，而在2年、3年较平稳；1年生所需的速效磷含量最高，其次是3年生和2年生；速效钾含量在1至4年差异不大，但显著低于5年生。因此，需要根据人参年份进行适当改良土壤，才能使土壤微生物多样性达到理想的状态。

微生物在有机物分解、营养循环、土壤团聚甚至病原体控制等生态过程中发挥着关键作用。它们的丰富度和多样性有助于维持一个稳定和健康的生态系统。土壤微生物和土壤养分之间是相互影响的。土壤pH值会改变营养物质的供给状态，影响菌体细胞膜的带电荷性质和稳定性，还会影响对物质的吸收能力。过酸或过碱的环境都会使菌体表面蛋白变性，最终导致生物体死亡。土壤中储存着大陆生物圈中最多的有机碳，土壤中微生物（包括细菌、真菌、古菌等）则决定着这些有机碳的周转。而有机质的周转就取决于吸收和释放碳及营养物的一系列微生物参与的生态过程，包括甲烷的产生和消耗、各种氮循环过程（固氮、硝化、反硝化等）、矿化等，其产生氨态氮和硝态氮及无机磷等养分，从而供植物吸收。因此，土壤微生物多样性受到土壤pH值和养分含量变化的影响，厘清微生物多样性和土壤养分之间的关系将有助于人参等药用植物的合理施肥。

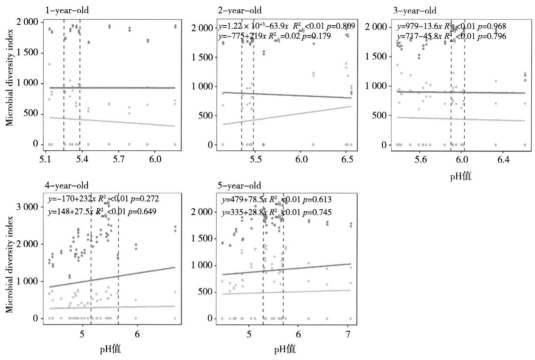

图1-6 不同年生人参土壤微生物多样性与土壤pH值的线性相关性分析

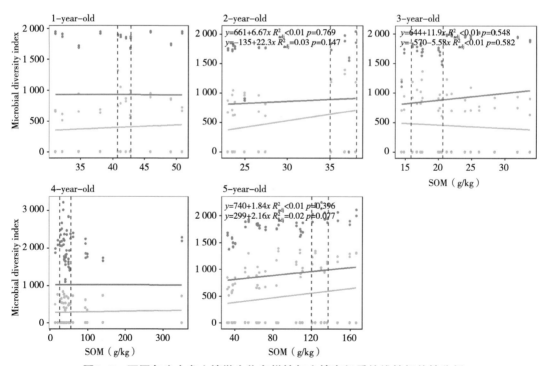

图1-7 不同年生人参土壤微生物多样性与土壤有机质的线性相关性分析

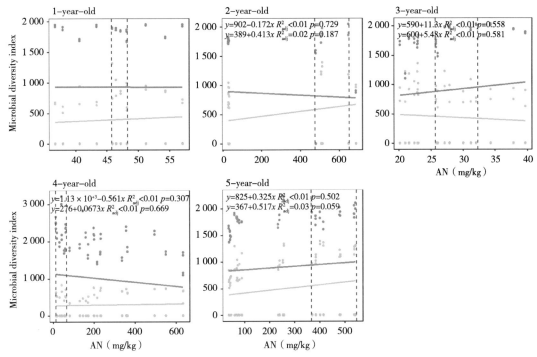

图1-8　不同年生人参土壤微生物多样性与土壤速效氮的线性相关性分析

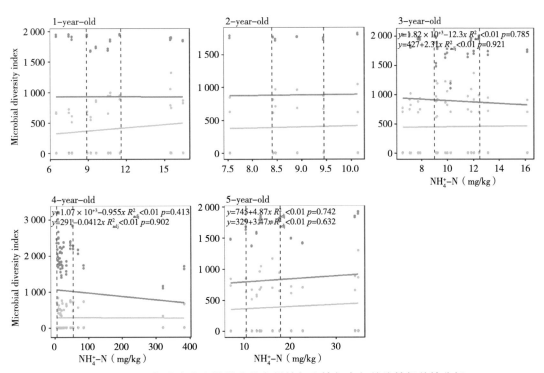

图1-9　不同年生人参土壤微生物多样性与土壤氨态氮的线性相关性分析

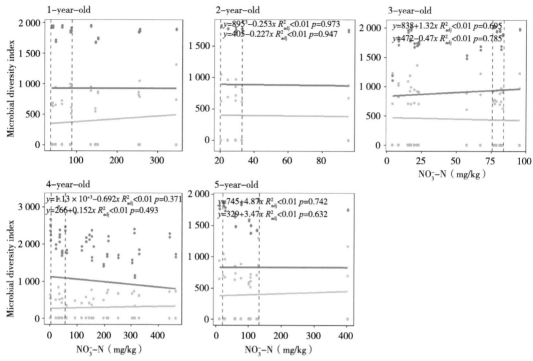

图1-10　不同年生人参土壤微生物多样性与土壤硝态氮的线性相关性分析

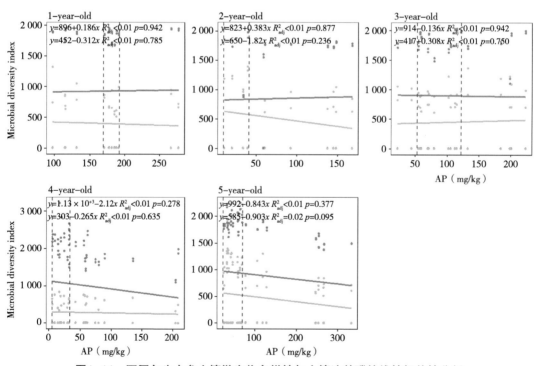

图1-11　不同年生人参土壤微生物多样性与土壤速效磷的线性相关性分析

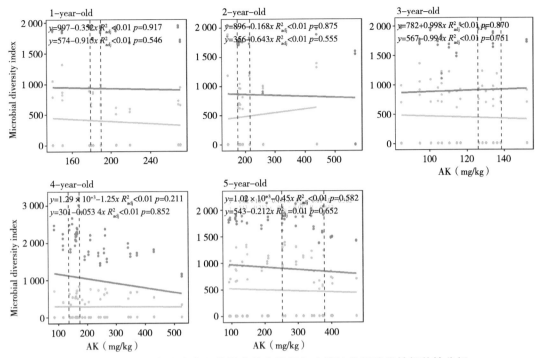

图1-12　不同年生人参土壤微生物多样性与土壤速效钾的线性相关性分析

第二章

不同年生人参根际微生物组成和功能的变化

连作障碍是指连续在同一土壤上栽培同种作物造成的植物-土壤负反馈，连作会导致作物产量下降及土传病害的流行。连作障碍不仅普遍存在于玉米、花生、黄瓜等作物中，在多年生药用植物中也较为常见。五加科药用植物人参是一种多年生草本植物，因其根部有多种活性功能及较高的药用价值，在中国东北、韩国等地均有广泛种植。人参根部的药理（生物）活性成分的作用随着栽培年限的延长而增加。一般来说，人参收获至少需要5~6年，而连作障碍的风险随着种植时间的增加随之变大，并对人参的产量和质量产生严重影响。

连作障碍是生物和非生物因素共同作用的结果。在生物因素方面，根际微生物被认为是土壤功能的重要指标，显著影响植物的生长、营养和健康状况。一些微生物群落的不平衡是造成连作障碍的原因，例如，某些可以预防植物病害和促进植物生长的微生物数量的减少，包括假单胞菌、芽孢杆菌和丛枝菌根真菌。相比之下致病真菌对生长期为4~6年的植物构成更大的风险，如柱孢属真菌、*Ilyonectria*属真菌以及与土传病害相关的某些锤舌菌纲真菌和镰刀菌属真菌。

土壤pH值和肥力等非生物因素在人参生长中也起着至关重要的作用，人参生长需要微酸性和营养丰富的土壤。土壤pH值和肥力与土壤微生物群落密切相关，随着种植年限的增加，人参植株根际土壤的pH值及养分浓度随之下降，最终使微生物多样性下降，进而导致人参土传病害的流行。文献报道早已证实人参化感物质（根系分泌物）可显著降低微生物的遗传多样性和碳代谢活性，并引起人参病原微生物的趋化反应。因此，致病病原微生物活性增加、土壤条件恶化和化感作用产生的植物-土壤负反馈是连作障碍产生的重要因素。

移栽模式是指人参在同一地块生长2～3年后，被转移到新地块上继续生长。这种模式在多年生草本植物（多为珍贵根类药材）的栽培中很常见，是避免同一块土地上多年连续栽培相同植物引起化感物质过度积累和土壤退化的有效方法。以人参为例，移栽模式下的5年生人参需要直接播种在一块土地上生长2～3年，然后将其移栽到近年没有人参种植历史的新土地再生长2～3年。研究表明，未移栽的人参土壤微生物多样性低于移栽人参土壤，并且未移栽人参根际土壤微生物群落变得不平衡，植物病原菌逐渐成为人参根际土壤中的优势菌群。鉴于移栽模式的重要性，因此探讨土壤非生物因子的变化以及移栽模式下的微生物群落变化是非常必要的。这项研究将加深我们对移栽模式下根际微生物群落与多年生草本植物移栽生长年限关系的理解，并有助于对多年生植物的移栽进行田间管理。由于微生物群落的复杂代谢途径和方法学限制，人们对移栽模式下经历不同年限后的根际微生物群落结构仍然缺乏了解。基于16S rRNA基因扩增子测序技术研究或内部转录间隔区（ITS）研究是实现高样本吞吐量以及深入了解土壤微生物群落的有效方法。近些年多利用FAPROTAX和FUNGuild数据库根据高通量测序数据结果预测细菌和真菌群落的功能、生活方式或种群，为研究移栽模式下相关的根际微生物群落功能演替提供了途径。

本章用MiSeq测序仪对16S rRNA基因和ITS1区域进行测序，并通过FAPROTAX和FUNGuild数据库研究了不同年生人参在移栽模式下的根际微生物组成和潜在功能。研究目的为：

（1）阐述移栽模式下不同年生人参根际微生物群落组成和功能特征。

（2）评估人参土壤养分与根际微生物之间的关系。

本章研究结果证明了以下结论：

（1）随着栽培年限的增加，微生物群落多样性下降，土壤微生物群落组成和功能发生变化，尤其是9年生的移栽人参。

（2）2年生和移栽的5年生人参根际土壤的微生物群落没有显著差异。本研究将有助于加深了解根际微生物群落与多年生草本植物移栽生长年限之间的关系，并为人参栽培中的土壤改良提供依据。

第一节 不同年生人参土壤养分变化规律

一、土壤样品的采集

人参的主要产区位于中国长白山地区的抚松县。白浆土是抚松县的主要土壤类型之一，腐殖质和白浆土（1∶1）的混合土壤被用作人参栽培参床土壤。从抚松县3个地点（漫江镇、东岗镇和万良镇）的5个人参种植地（命名为A～E）采集了以移栽模式种植的人参的土壤样品（表2-1）。由于人参通常在栽培5年时收获，选择3块种植地移栽模式下的5年生人参土壤样品（A、C和D；表2-1）。据报道，人参连续生长2年后，病害发生率和死亡率通常会增加，因此，本研究选择未移栽的2年生人参土壤样品作为对照（表2-1中的土壤E）。此外，还研究了移栽模式下高年生（9年生）人参植株的土壤样品（表2-1中的土壤B）。G2、G5和G9分别代表取自2年生、5年生和9年生人参土壤样品，获得方法如下：①G2人参：直接播种种植2年；②G5人参：直接播种在一地块种植2年，随后转移到另一地块生长3年后采集样品；③G9人参：直接播种在一地块种植3年后移栽到另一个地块生长3年，最后移栽到第3个地块生长3年后采集样品。在本研究中，所有播种的人参种子与移栽的植株均种植在没有人参栽培历史的土壤中。从每个采样种植地随机取40～60个人参，通过轻轻刮取附着在人参根部的土壤，收集40～60个根际土壤样本。去除可见植物材料后，将来自10个具有相同锈斑面积的10份人参根际土壤均匀混合成一组样品。将所有土壤样品放于冰上保存1～2 d后过2 mm筛子。土壤样品在DNA提取前一直储存于-80℃条件下。将用于土壤养分分析的样品风干并通过0.15 mm筛进行有机质（OM）含量分析；通过2 mm筛进行pH值、有效氮（AN）、有效磷（AP）和有效钾（AK）含量分析。

表2-1　本试验使用的土壤样品

种植地	移栽模式[a]	开始时间	移栽时间	采收时间	栽培年限[b]	地点
A	2+3	2009	2011	2014	5（G5）	抚松县漫江镇
B	3+3+3	2005	2008，2011	2014	9（G9）	抚松县漫江镇
C	2+3	2009	2011	2014	5（G5）	抚松县东岗镇
D	2+3	2009	2011	2014	5（G5）	抚松县万良镇
E	2	2012	/	2014	2（G2）	抚松县万良镇

　　a. 在"移栽模式"列中，显示的数字（即2+3）表明人参植株在一块地上生长了2年，后移栽到目标采样地并生长3年。3+3+3表示人参植株直接播种并在一块土地上生长3年，后移栽到另一块地3年，最后移栽到目标采样地生长3年。

　　b. G2、G5和G9分别表示2年生、5年生和9年生人参的土壤样品。

二、人参根际土壤养分分析

根际土壤养分（pH值、AN、AP、AK和OM）受种植年限的影响较大（表2-2）。方差分析显示，土壤样品G5比G2的pH值和AN分别显著降低13.90%和30.32%，G9比G2的pH值和AN分别降低27.32%和48.21%（$P < 0.05$），而G5和G9的OM分别显著升高249.87%和181.87%（$P < 0.05$）。G2和G5的AP没有显著差异。G9的AP分别显著低于G2与G5 61.32%和72.74%（$P < 0.05$）。在不同移栽处理的所有土壤样品中，AK没有显著差异。

表2-2 土壤样品养分分析

种植地	种植年限	pH值	OM（g/kg）	AN（g/kg）	AP（g/kg）	AK（g/kg）
E	2（G2）	6.26 ± 0.18a	34.37 ± 2.40b	565.84 ± 41.32a	32.73 ± 8.16a	325.00 ± 78.01a
A、C、D	5（G5）	5.39 ± 0.07b	120.25 ± 7.95a	394.25 ± 30.14b	46.44 ± 3.54a	252.72 ± 18.80a
B	9（G9）	4.55 ± 0.08c	96.88 ± 7.98a	293.05 ± 26.11c	12.66 ± 1.50b	327.75 ± 27.61a

OM、AN、AP和AK分别表示有机质、速效氮、速效磷和速效钾的含量；由LSD检验确定，同一列中不同字母（a–c）表示差异显著（$P < 0.05$）。

第二节　不同年生人参土壤微生物群落结构变化规律

一、土壤样品的采集

土壤样品采集方法与第二章第一节相同。

二、土壤 DNA 提取、PCR 扩增和 Illumina Miseq 测序

各土壤样品取0.50 g，使用PowerSoil®DNA提取试剂盒（美国，加利福尼亚州

MoBio Laboratories）提取总DNA。用NanoDrop2000装置（美国，宾夕法尼亚州，匹兹堡市 Thermo Scientific）进行定量。每个土壤样品提取3份，并将3种DNA溶液混合在一起。

通过PCR技术扩增DNA，设计引物341F（5′-CCTACGGGGNGGCWGCAG-3′）和805R（5′-BARCODEGATACHVGGGTATCTAATCC-3′）扩增16S rRNA基因的V3～V4区；引物ITS1F（5′-CTGTGTTGTCATTAGGGAGAGTAA-3′）和ITS1R（5′-barcode-ATGAGCCTGCGTTTCATCGATGC-3′）用于扩增真菌ITS1序列。PCR条件如下：95℃预热2 min；95℃变性30 s、55℃退火30 s、在72℃延伸45 s，共27个循环；最后72℃延伸10 min，在10℃保温直到停止。每个土壤样品仅进行一次反应体系为20 μL的PCR反应，其反应混合物为：4 μL 5×FastPfu缓冲液、2 μL 2.5 mM dNTPs、0.4 μL引物（5μM）、0.4 μL FastPfu DNA聚合酶（中国，北京，TransGen Biotech）和10 ng模板DNA。从2%琼脂糖凝胶中提取扩增子，用AxyPrep DNA凝胶提取试剂盒（美国，加利福尼亚州，联合市，Axygen Biosciences）纯化，QuantiFluor™-ST（美国，威斯康星州，麦迪逊市，Promega）进行定量分析。根据标准方案对标准化PCR产物进行末端配对测序。

三、序列数据处理与统计分析

用MOTHUR去除条形码和引物序列；FLASH和Qime合并剩余的reads并进行质量筛选；UCHIME去除嵌合序列；UPARSE pipeline以97%的序列相似性进行聚类获得操作分类单元（OTU）。根据Silva128细菌数据库（置信系数＝0.8～1）和UNITE_INSD v7.0真菌ITS数据库（E值＝1e－05）确定每个OTU的隶属关系。在门、纲、目、科和属的层次上生成每个样本中的分类单元丰度。序列以登录号SRP131809和SRP129584保存在NCBI数据库中。在去除单例后，基于Shannon、Simpson、Chao1和ACE指数，使用QIIME（1.7.0版）计算α多样性。用SAS 9.1软件包（美国，北卡罗来纳州，卡里市，SAS institute 公司）进行统计分析。使用最小显著差异（LSD）的单因素方差分析（ANOVA）来比较4～6个重复样本的平均值，数据的可变性表示为标准误差。$P<0.05$表示显著，$P<0.01$表示极显著。

通过加权的UniFrac的主坐标分析（PCoA）与相似性分析（ANOSIM）描述微生物群落组成的差异。使用R语言（版本2.15.3）中的gplots软件包生成热图，以比较不同栽培年份土壤样品中的前35纲细菌和真菌。利用CANOCO5.0软件进行冗余分析（RDA），以测量土壤微生物群落变量与土壤因子之间的联系。使用R软件的Vegan包进行Spearman相关分析评估土壤养分、参龄和微生物群落之间的关系。依据FAPROTAX和FUNGuild分别鉴定细菌及真菌的功能、生活方式和OTU。使用方差分析确定不同土壤之间的功能差异。

四、微生物多样性和结构分析

所有土壤样品的α多样性指数不尽相同。细菌方面，观察到G9土壤在所有样本中的物种数量（882）、群落多样性和丰富度（Shannon = 8.451，Simpson = 0.994，Chao1 = 1271，ACE = 1325）（$P < 0.05$）最低；在真菌方面，同样G9也存在最低的物种数（705）和丰富度（Chao1 = 997和ACE = 1022）（B；$P < 0.05$；表2-3）。G2和G5组之间细菌和真菌的α多样性指数没有显著差异。

使用PCoA（图2-1）和ANOSIM分析（表2-4）对不同年生人参根际土壤进行了微生物群落的β多样性的评价。观察到G9组与其他两组（G2和G5）微生物群落有较大差异，而G2和G5样品中的大多数土壤微生物群落则聚类在一起（图2-1）。在ANOSIM分析中，观察到G2和G5细菌和真菌R值最低（$R \leqslant 0.300$，$P < 0.05$）；在G9和其他2个样本之间观察到更高的R值（G2和G5；$R \geqslant 0.626$，$P < 0.05$）（表2-4）。因此，PCoA分析和ANOSIM测试表明，非移栽G2样本与移栽G5样本情况最相似。

表2-3 通过以97%的同源性聚类获得的16S rRNA细菌和ITS真菌库的
观测物种数量、多样性和丰富度指数

	种植年限	观测物种	Shannon指数	Simpson指数	Chao1指数	ACE指数
细菌	2（G2）	1 220 ± 112a	9.351 ± 0.181a	0.997 ± 0.000 2a	1 583 ± 186a，b	1 676 ± 207a
	5（G5）	1 300 ± 24a	9.381 ± 0.053a	0.997 ± 0.000 2a	1 866 ± 43a	1 973 ± 43a
	9（G9）	882 ± 67b	8.451 ± 0.175b	0.994 ± 0.000 9b	1 271 ± 145b	1 325 ± 129b
真菌	2（G2）	883 ± 83a	6.645 ± 0.526a	0.949 ± 0.022a	1 344 ± 198a	1 207 ± 80a
	5（G5）	829 ± 23a	6.598 ± 0.127a	0.966 ± 0.005a	1 119 ± 44a，b	1 171 ± 41a
	9（G9）	705 ± 41b	6.194 ± 0.240a	0.954 ± 0.010a	997 ± 52b	1 022 ± 50a

由LSD检验确定，同一列中不同字母（a、b）后面的平均值代表差异显著（$P < 0.05$）。

表2-4　通过相似性分析（ANOSIM）确定的不同群体微生物群落组成中的差异性

种植年限	细菌		真菌	
	R	P	R	P
G2和G5	0.278	0.046	0.300	0.047
G5和G9	0.834	0.001	0.626	0.001
G2和G9	0.888	0.007	0.980	0.011

接近+1的R值表示组间存在差异，接近0的R值表示在组间未观察到显著差异。$P<0.05$表示差异显著；G2、G5和G9分别表示取自2年生、5年生和9年生人参土壤样品。

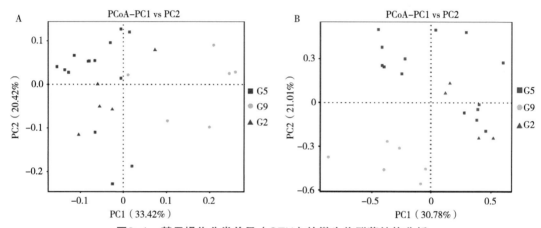

图2-1　基于操作分类单元（OTU）的微生物群落结构分析

（A）基于16S rDNA序列的主坐标分析（PCoA）图（B）基于ITS1序列的PCoA图

第三节　不同年生人参土壤微生物功能预测及变化分析

一、土壤样品的采集、DNA 提取、PCR 扩增和 Illumina Miseq 测序

方法与第二章第一节、第二节相同。

二、土壤细菌群落组成与功能分析

使用默认设置的QIIME将全部有效细菌序列分配到39门，结果表明，所有样品中前3种主要菌群为变形菌门（25.59%～32.38%）、放线菌门（12.56%～15.20%）和酸杆菌门（11.15%～16.51%）（图2-2A）。不同栽培年限显著改变了主要细菌群的相对丰度。在高年生人参植株的根际土壤中（G9），变形菌门（32.38%）和糖细菌门（3.44%）的相对丰度显著较高，而硝化螺旋菌门（0.97%和1.14%）、绿弯菌门（6.94%和6.54%）和迷踪菌门（0.20%和0.16%）的相对含量在低年生人参土壤样品（G2和G5；$P<0.05$）中较高。类杆菌门（3.82%）在G2中的丰度最高（$P<0.05$）。

比较两份土壤样品中优势菌群的前35纲细菌，结果发现，G2和G5中的菌群聚类在一起，表明G2和G5在纲水平上具有相似的微生物群落结构；在G9中只发现有9纲优势菌群。在这两份样品中，嗜热油菌纲（4.25%和3.97%）、δ-变形菌纲（2.54%和2.58%）、TK10（0.46%和0.43%）、KD4.96（0.82%和0.68%）和硝化螺菌纲（1.13%和1.30%）更为丰富；在G9样品中，γ-变形菌纲（7.66%）和α-变形菌纲（19.05%）更为丰富（$P<0.05$或$P<0.01$）；仅在G2组中检测到高丰度的β-变形菌纲（6.17%）和杆菌纲（1.16%）（$P<0.05$；图2-3A）。使用FAPROTAX研究G2、G5和G9组之间的细菌功能差异（图2-3B），发现G9中细菌的功能丰富度最低，只有3种。高栽培年限（>5年）显著增加了纤维素分解（5.79%）、化能异养（15.50%）和有氧化能异养（14.97%）官能团（$P<0.05$或$P<0.01$），并显著减少了好氧氨氧化（0.39%）、硝化（0.57%）、硫化物呼吸（0.05%）、硫呼吸（0.04%）、固氮（0.48%）和好氧亚硝酸盐氧化（0.18%）官能团（$P<0.05$或$P<0.01$）。与营养元素循环相关的一些官能团（例如甲基营养、甲醇氧化和硝化、硫化物呼吸、硫呼吸、固氮和好氧亚硝酸盐氧化）和抗真菌活性（几丁质分解）在G2或G5中显著富集，是G9的1.48～19.37倍（$P<0.05$或$P<0.01$）。就以上14项功能而言，G2具有最高的功能丰富度。

pH值、AN、AP、OM和植物年生是最重要的环境影响因素（图2-4A）。根据RDA分析，δ-变形菌纲、β-变形菌纲、嗜热油菌纲、杆菌纲和硝化螺旋菌纲细菌和pH值、AN和AP正相关，与参龄负相关；β-变形菌纲、嗜热油菌纲和杆菌纲细菌与OM负相关；α-变形菌纲和未鉴定的酸杆菌纲细菌则与pH值、AN和AP负相关，与参龄正相关。进一步Spearman相关系数显示，嗜热油菌纲和硝化螺菌纲细菌与参龄呈显著负相关（$r=-0.44$，$P<0.05$；$r=-0.61$，$P<0.01$；$r=-0.47$，$P<0.05$）；嗜热油菌纲细菌与AK呈负相关（$r=-0.42$，$P<0.05$）；嗜热油菌纲和杆菌纲细菌与pH值呈正相关（$r=0.54$，$P<0.01$；$r=0.53$，$P<0.01$）；硝化螺旋菌与AP（$r=0.42$，$P<0.05$）和

AN呈正相关（$r = 0.58$，$P < 0.01$）。相反三类菌群（α-变形菌纲、未鉴定放线菌纲和未鉴定酸杆菌纲）与参龄呈正相关（$r = 0.70$，$P < 0.01$；$r = 0.47$，$P < 0.05$；$r = 0.40$，$P < 0.05$），但与pH值呈负相关（$r = -0.58$，$P < 0.01$；$r = -0.42$，$P < 0.05$；$r = -0.48$，$P < 0.05$）；α-变形菌纲细菌与AP（$r = -0.47$，$P < 0.05$）和AN（$r = -0.55$，$P < 0.01$；图2-5A）呈负相关。在OUT水平上，在G9中隶属于α-变形菌纲和γ-变形菌纲的6个OTU（OTU11、OTU13、OTU15、OTU29、OTU45和OTU46）丰度更高（1.38%、1.14%、1.22%、1.30%、0.92%和0.58%）（$P < 0.05$或$P < 0.01$）；在G2中仅检测到2个高丰度OTU（OTU663和OTU1212）（0.32%和0.28%；$P < 0.05$），它们隶属于杆菌纲。

三、真菌群落组成与功能分析

根据QIIME使用默认设置将真菌序列分配给六门，发现前3种主要真菌菌群为子囊菌门（47.04% ~ 70.25%）、接合菌门（17.93% ~ 32.18%）和担子菌门（7.67% ~ 34.40%）；而在大多数土壤中都存在球囊菌门（或球囊菌亚门；0.34% ~ 1.07%）、壶菌门（0.27% ~ 0.57%）和新美鞭毛菌门（0.02% ~ 0.23%），但相对丰度较低（图2-2B）。不同土壤样品中真菌菌群的丰度不同，例如，子囊菌门和接合菌门在G2（分别为70.25%和20.41%）和G5（分别为54.95%和32.18%）中最为常见，但在G9中含量较低（分别为47.04%和17.93%）（$P < 0.05$）。相比之下，担子菌门在G9中丰度最高（34.40%）（$P < 0.05$）。

在属级水平上，对前35属真菌的热图分析也揭示了不同年生人参土壤真菌群落组成的显著差异（图2-3C）。G2富含青霉属和附球菌属真菌，分别是G5和G9的4.22 ~ 7.94倍和4.69 ~ 7.16倍（$P < 0.05$）。G2和G5富含的被孢霉菌属比G9高2.59 ~ 2.65倍。G9有高丰度的*Ilyonectria*、*Tetracladium*和*Leptodontidium*，分别是G2和G5中的3.04 ~ 6.52倍、2.50 ~ 3.02倍和9.81 ~ 27.90倍（$P < 0.05$）。在所有样品中检测到7种主要真菌营养模式（图2-3D），在G9中富集了大多数病理营养模式（病理营养腐生、病理营养腐化共生和病理营养共生），分别比G2和G5高4.13 ~ 4.19倍、2.12 ~ 3.21倍和2.26 ~ 3.17倍（$P < 0.05$）。

根据RDA分析青霉属真菌与参龄呈负相关，与pH值和AP呈正相关；附球菌属和青霉属真菌与AN呈正相关；*Ilyonectria*、*Tetracladium*和*Leptodontidium*则与pH值、AN和AP呈负相关与参龄呈正相关（图2-4B）。进一步Spearman相关系数显示土壤养分与前35属真菌之间的关系（图2-5B），包括被孢霉属、附球菌属和青霉属在内的12属真菌与参龄呈负相关（$r = -0.59$，$P < 0.01$；$r = -0.42$，$P < 0.05$；$r = -0.57$，$P < 0.01$），附球

菌属真菌与OM（$r=-0.44$，$P<0.05$）和AK（$r=-0.50$，$P<0.05$）呈负相关。被孢霉属和附球菌属与pH值呈显著正相关（$r=0.52$，$P<0.01$和$r=0.46$，$P<0.05$），被孢霉属和青霉属分别与AP（$r=0.52$，$P<0.01$）和AN（$r=0.51$，$P<0.05$）呈显著正相关。相反的，包括*Ilyonectria*、*Leptodontidium*、*Tetracladium*和*Scleromitrula*在内的8属真菌与参龄呈正相关（$r=0.72$，$P<0.01$；$r=0.75$，$P<0.01$；$r=0.47$，$P<0.05$；$r=0.58$，$P<0.01$）和AK（$r=0.66$，$P<0.01$；$r=0.50$，$P<0.05$；$r=0.53$，$P<0.01$；$r=0.49$，$P<0.05$）呈正相关，而与pH值呈负相关（$r=-0.79$，$P<0.01$；$r=-0.86$，$P<0.01$；$r=-0.46$，$P<0.05$；$r=-0.66$，$P<0.01$）。*Leptodontidium*和*Scleromitrula*与AP呈负相关（$r=-0.47$，$P<0.05$；$r=-0.41$，$P<0.05$）。在OTU水平上，两个OTU（OTU1和OTU4）在G2（8.24%和5.16%）和G5（8.77%和4.90%）（$P<0.05$）中更为丰富。

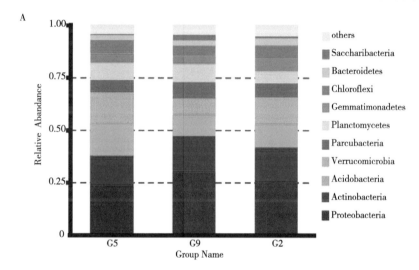

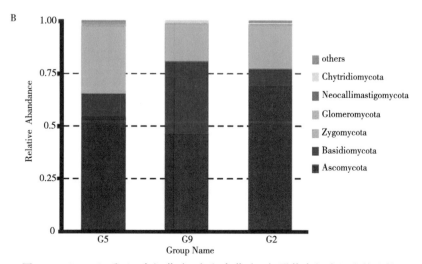

图2-2 G2、G5和G9中细菌（A）和真菌（B）群落在门水平上的比较

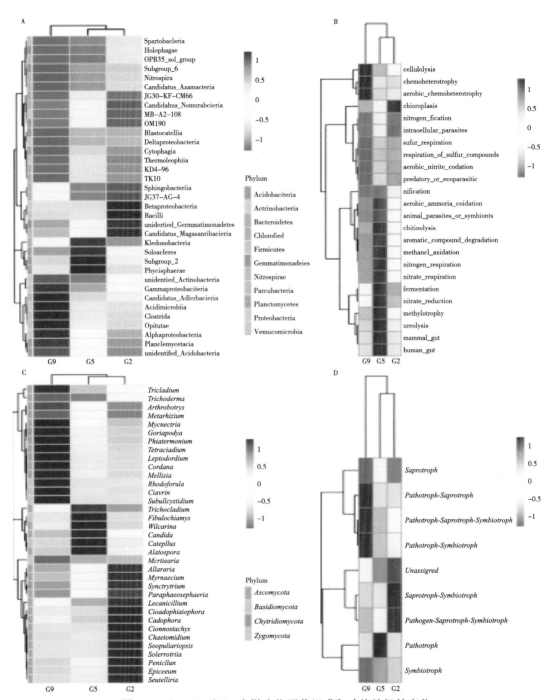

图2-3　G2、G5和G9中微生物群落组成和功能特征的变化

前35纲细菌（A）和35属真菌（C）的丰度热图分析。使用FAPROTAX分别对细菌（B）和真菌（D）进行功能分析。

总之，在人参植株高年限（长达9年）生长期间，与营养元素循环和抗真菌活性相关的根际微生物多样性及其功能丰富度降低；而一些潜在的致病型真菌的丰度增加。一些细菌（嗜热油菌纲、杆菌纲和硝化螺旋菌）和真菌（被孢菌属、附球菌属和青霉属）的丰度随着人参参龄的增加而降低，相同条件下某些真菌的丰度增加（*Ilyonectria*属、*Tetracladium*属和*Leptodontidium*属）。尽管微生物群落多样性、微生物组成和功能随着栽培年限的增加而下降，但移栽模式下的2年生和5年生人参根际土壤的微生物群落并没有受到显著影响，一些微生物（嗜热油菌纲细菌、硝化螺旋菌纲细菌和被孢霉属真菌）在移栽模式下5年的人参植物的土壤中均有富集，而那些连作产生的真菌（*Ilyonectria*、*Tetracladium*和*Leptodontidium*）并未富集。

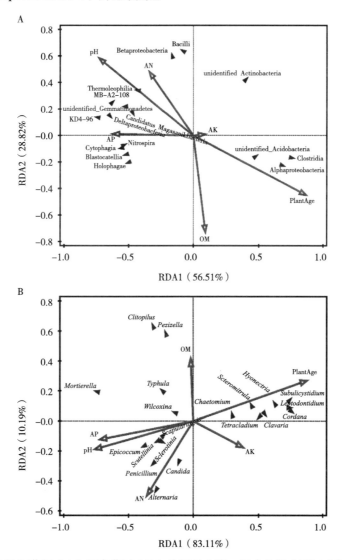

图2-4　土壤微生物细菌纲（A）和真菌属（B）的相对丰度，冗余分析（RDA）测量土壤微生物群落变量与土壤因子之间的联系

OM为有机物；AN为有效氮；AP为有效磷；AK为有效钾。

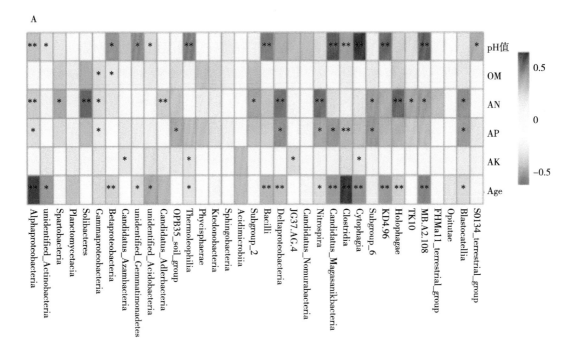

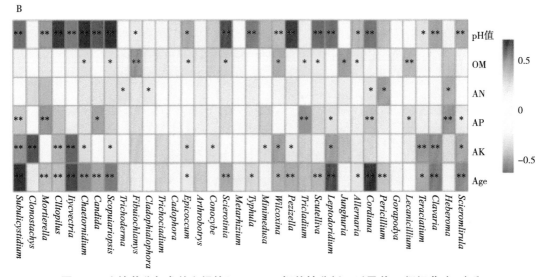

图2-5 土壤养分与参龄之间的Spearman相关性分析，以及前35纲细菌（A）和
35属真菌（B）的丰度

**P<0.01；*P<0.05，OM为有机质；AN为有效氮；AP为有效磷；AK为有效钾。

第三章

人参红皮病土壤铁-氮等耦合互作机制研究

第一节 不同红皮病发病指数人参土壤养分分析

人参是一种珍贵的草本植物，具有抗癌、止吐、抗氧化、抑制血管增生、抗细胞增殖与凋亡等多种功能。种植年限越长它的药理（生物）活性成分越高。人参主要根据其大小、形状和整体外观来进行商品分级，白色或米黄色、表面光滑没有瑕疵的人参价值较高。但是红皮病人参首先表现为发病区域的表皮变为红褐色，最终变得干燥并脱落，颜色变暗且凹陷。红皮病严重限制了人参的产量和质量。

红皮病的发病机制一直存在争议，有人认为它是由于生理胁迫引起的。据推断其中一种发病原因是产生于根内部并输送至根表皮的酚类化合物，而沉积在人参表皮的铁化合物可能是红皮病的另一个诱发因子。目前，多数研究主要集中在人参中元素含量和酚类化合物的产生与否，只有少数研究涉及土壤理化性质。根际环境对陆地生物非常重要，与植物生长密切相关，因此，附着于根部的根际土壤是植物与土壤相互作用最重要的区域。红皮病的发生与人参根际土壤可能有着非常密切的关系，土壤中的亚铁离子（Fe^{2+}）可能是导致此病的主要因素。在土壤含水量较高的条件下，土壤中形成的活性还原性有机物能促进氧化铁的活化，进而促进Fe^{2+}的积累，而红皮病的成因可能与Fe^{2+}在人参根表皮中的氧化和沉积有关。

本章将阐述采集自长白山人参土壤的理化性质以及酶活性，以确定人参红皮病与土壤养分之间的关系。

一、土壤采集与分析

采样地点位于长白山最著名的人参种植区域之一——抚松县，从5个人参种植地（表3-1中的A～E）对人参根际土壤进行采样。在秋季人参收获期选择面积为20 m×20 m大小的地块进行了采样。为避免边界影响实验精度，在每个地块中间划分为4～6个小地块（1 m×1 m）。从每个小地块随机收集10个参根，每个种植地40～60个参根用于红皮病发病指数统计。在每个种植地中，从10根相同发病等级的人参收集4～6份根际土壤样品。病情指数按下面的公式计算：即病情指数＝（各级发病数×各级代表值）/（调查总数×最高级代表值），发病等级为0～4级，分别为无病害的健康人参、红皮病发病面积＜10%、红皮病发病面积10%～25%、红皮病发病面积25%～50%和红皮病发病面积＞50%（表3-1）。

表3-1　五个种植地的样品

种植地	种植年限	纬度N	经度E	土壤样品	红皮病等级	红皮病病情指数
A	5	41°58′40″	127°31′38″	A-1	4（＞50%）	0.63
				A-2	4（＞50%）	
				A-3	4（＞50%）	
				A-4	1（＜10%）	
				A-5	1（＜10%）	
				A-6	1（＜10%）	
B	9	41°58′54″	127°31′37″	B-1	4（＞50%）	0.50
				B-2	4（＞50%）	
				B-3	4（＞50%）	
				B-4	0	
				B-5	0	
				B-6	0	
C	5	42°14′31″	127°45′22″	C-1	2（10%～25%）	0.69
				C-2	4（＞50%）	
				C-3	3（25%～50%）	
				C-4	2（10%～25%）	
D	5	41°18′15″	127°24′8″	D-1	3（25%～50%）	0.33
				D-2	0	
				D-3	0	
				D-4	1（＜10%）	

（续表）

种植地	种植年限	纬度N	经度E	土壤样品	红皮病等级	红皮病病情指数
				E-1	4（＞50%）	
				E-2	3（25%～50%）	
E	2	42°25′27″	127°20′56″	E-3	4（＞50%）	0.80
				E-4	4（＞50%）	
				E-5	1（＜10%）	

使用容积100 cm³不锈钢圆筒从5～10 cm深度收集非根际土壤，将其于105℃下干燥后用于测量容重和水分。用于化学和酶活性分析的根际土壤样品用无菌袋收集，密封好放在冰上备用。样品风干后过0.15 mm筛进行金属和有机物含量分析；过2 mm筛进行其他养分分析。使用玻璃电极pH计测定土壤悬浮液（土壤：水＝1：2.5）的pH值。用Walkley-Black方法测定有机物含量；碱水解法测定有效氮；氢氧化钠钼锑显色法测定有效磷；乙酸铵火焰光度法测定有效钾。15 mL硝酸和20 mL高氯酸（70%）消化后的样品通过ICP-AES分析仪测定金属含量（总钙、镁、铝、铁、锰、铜、镍）。每种测定独立重复至少3次并取平均值。

二、根际土壤养分分析

5个场地的土壤样品分为两组：健康根组（相应的红皮病等级为0和1）和红皮病组（对应的红皮病等级为2～4）。使用SPASS 20.0软件采用双样本t检验和皮尔逊检验（$P < 0.05$）分析了两组平均值之间的差异以及根系发病指数与土壤养分之间的关系。

土壤理化性质分析结果表明，红皮病根组土壤的容重、水分、总铁（Fe）和总锰（Mn）浓度显著高于健康根组（$P < 0.05$或$P < 0.01$，表3-2和表3-3）；多酚氧化酶（PPO）活性比健康组高67.17%（$P < 0.01$，表3-4）。两组之间的其他土壤养分无显著差异（$P > 0.05$）。土壤样品均呈酸性，pH值范围为4.29～6.56。其中种植地B的pH值（4.55）在5个种植地中最低；而种植地E的pH值（6.26）最高（表3-2）。

皮尔逊检验表明，红皮病指数与pH值、Al、Zn、Ca和Ni呈显著正相关（$P < 0.05$），与N、Fe和Mn呈极显著正相关性（$P < 0.01$，表3-2和表3-3）；与其他环境因子及栽培年限无相关性（$P > 0.05$）。

表3-2 五个种植地的土壤样品含水量、容重、有机质、碱解N、有效P、有效K和pH值

土壤样品	非根际土壤		根际土壤				
	土壤含水量（%）	容重（g/cm³）	有机质（g/kg）	碱解N（mg/kg）	有效P（mg/kg）	有效K（mg/kg）	pH值
A-1	23.82 ± 0.09	1.049 2 ± 0.007 4	166.21 ± 4.46	541.56 ± 4.91	43.96 ± 0.50	294.68 ± 2.41	5.13 ± 0.003 3
A-2	22.98 ± 0.39	1.023 4 ± 0.005 2	159.24 ± 7.58	536.94 ± 40.0	42.08 ± 0.54	254.45 ± 5.72	4.86 ± 0.005 7
A-3	23.46 ± 0.46	1.072 1 ± 0.018 6	110.70 ± 8.30	383.83 ± 91.4	37.15 ± 0.66	294.67 ± 8.23	5.05 ± 0.008 8
A-4	17.36 ± 0.20	0.751 8 ± 0.014 1	136.02 ± 3.12	482.21 ± 34.6	32.61 ± 0.48	316.14 ± 3.10	5.68 ± 0.006 7
A-5	18.06 ± 0.19	0.864 1 ± 0.005 9	85.48 ± 21.97	401.36 ± 5.46	34.17 ± 2.67	261.62 ± 4.25	5.31 ± 0.010 0
A-6	17.64 ± 0.08	0.856 7 ± 0.007 2	146.87 ± 1.67	536.42 ± 21.9	58.61 ± 0.50	377.47 ± 4.81	5.31 ± 0.008 8
B-1	26.36 ± 0.38	0.904 8 ± 0.004 0	105.98 ± 1.15	318.73 ± 36.2	15.48 ± 0.16	247.94 ± 1.08	4.65 ± 0.013 3
B-2	27.14 ± 0.17	0.975 1 ± 0.002 0	104.52 ± 5.49	352.75 ± 31.9	14.17 ± 0.17	361.85 ± 3.62	4.29 ± 0.010 0
B-3	28.03 ± 0.28	0.996 3 ± 0.005 0	127.96 ± 16.4	375.59 ± 42.1	6.89 ± 0.30	291.87 ± 6.63	4.33 ± 0.003 3
B-4	21.27 ± 0.15	0.911 0 ± 0.023 9	79.40 ± 2.69	234.35 ± 21.7	10.33 ± 0.47	280.06 ± 2.83	4.65 ± 0.003 3
B-5	20.87 ± 0.22	0.901 2 ± 0.003 6	85.91 ± 8.06	238.41 ± 13.3	16.89 ± 6.96	350.98 ± 2.73	4.72 ± 0.003 3
B-6	22.01 ± 0.37	0.896 4 ± 0.007 8	77.50 ± 4.02	238.49 ± 20.7	12.18 ± 0.42	433.77 ± 3.02	4.68 ± 0.005 7
C-1	21.23 ± 0.16	0.898 6 ± 0.004 4	108.01 ± 3.02	414.80 ± 13.9	35.83 ± 3.13	254.54 ± 2.89	5.35 ± 0.008 8

（续表）

土壤样品	非根际土壤				根际土壤		
	土壤含水量（%）	容重（g/cm³）	有机质（g/kg）	碱解N（mg/kg）	有效P（mg/kg）	有效K（mg/kg）	pH值
C-2	22.31±0.25	0.876 9±0.001 7	104.18±3.53	384.49±7.2	46.83±4.66	211.21±2.79	5.33±0.012 0
C-3	21.98±0.23	0.901 2±0.003 6	133.17±25.5	369.70±18.3	60.21±2.40	254.54±2.89	5.31±0.014 5
C-4	18.62±0.19	0.827 6±0.005 3	120.70±6.24	479.25±24.6	68.94±1.97	340.90±2.10	5.67±0.011 5
D-1	28.58±0.11	1.023 2±0.003 1	50.88±0.99	240.76±11.2	33.09±1.81	132.67±3.34	5.47±0.034 8
D-2	24.37±0.23	0.955 7±0.002 9	129.63±1.81	254.45±26.3	64.33±1.54	207.94±6.05	5.68±0.023 3
D-3	23.84±0.26	0.981 4±0.003 9	108.69±1.90	235.17±11.8	59.86±1.91	191.75±3.67	5.61±0.032 1
D-4	25.01±0.31	0.963 1±0.002 5	123.78±1.16	258.50±7.4	32.47±0.79	145.45±3.10	5.75±0.012 0
E-1	24.03±0.37	1.042 9±0.002 4	37.97±14.22	646.40±48.4	10.78±0.21	142.13±2.85	6.52±0.025 2
E-2	24.97±0.17	0.987 5±0.003 6	35.08±8.22	507.27±21.2	20.74±1.07	215.22±2.68	6.14±0.164 5
E-3	25.31±0.09	1.033 2±0.007 4	36.67±2.05	512.51±25.5	39.54±0.29	439.68±4.04	6.50±0.044 0
E-4	25.19±0.11	1.019 4±0.021 5	37.17±1.99	479.30±42.2	58.40±1.62	567.65±2.06	5.59±0.030 5
E-5	19.71±0.23	0.963 5±0.094 6	24.94±0.90	683.70±16.8	34.18±1.35	260.30±3.53	6.56±0.024 0

表中数值为平均值±SE（$n=3$）。

表3-3 五个种植地土壤样品金属元素含量

土壤样品	根际土壤						
	全钙（g/kg）	全镁（g/kg）	全铝（g/kg）	全铁（g/kg）	全锰（g/kg）	全铜（g/kg）	全镍（g/kg）
A-1	1.855±0.011	1.572±0.006	12.971±0.282	7.454±0.056	0.429±0.003	13.599±0.140	15.358±0.238
A-2	1.772±0.031	1.546±0.018	12.821±0.507	7.511±0.191	0.450±0.018	14.058±0.429	15.938±0.718
A-3	1.553±0.010	1.472±0.011	12.349±0.279	7.195±0.132	0.456±0.008	12.421±0.348	14.513±0.384
A-4	1.600±0.017	1.411±0.004	12.483±0.608	6.931±0.184	0.433±0.031	13.153±0.376	13.955±0.384
A-5	1.535±0.009	1.369±0.00	12.464±0.416	6.739±0.080	0.418±0.015	12.578±0.273	13.718±0.155
A-6	1.764±0.010	1.286±0.010	11.983±0.218	6.484±0.046	0.429±0.010	14.078±0.222	13.598±0.314
B-1	1.232±0.028	1.248±0.014	11.294±0.359	6.494±0.099	0.306±0.007	10.209±0.174	15.035±0.353
B-2	1.169±0.013	1.197±0.004	10.729±0.094	6.228±0.027	0.306±0.001	9.756±0.104	14.009±0.276
B-3	1.182±0.004	1.199±0.003	10.989±0.067	6.270±0.026	0.312±0.015	10.366±0.106	14.507±0.195
B-4	1.084±0.013	1.188±0.004	10.474±0.262	5.201±0.073	0.264±0.013	8.201±0.128	14.431±0.232
B-5	1.271±0.009	1.195±0.008	11.758±0.129	5.420±0.064	0.326±0.007	10.729±0.308	14.740±0.303
B-6	1.242±0.015	1.212±0.007	12.140±0.178	5.479±0.060	0.306±0.007	9.545±0.256	15.118±0.248
C-1	1.779±0.011	1.147±0.008	13.738±0.383	6.998±0.102	0.722±0.034	1 8.058±0.40	13.730±0.210

（续表）

土壤样品	全钙（g/kg）	全镁（g/kg）	全铝（g/kg）	根际土壤 全铁（g/kg）	全锰（g/kg）	全铜（g/kg）	全镍（g/kg）
C-2	1.456 ± 0.001	0.749 ± 0.012	18.172 ± 0.428	5.711 ± 0.088	0.459 ± 0.014	15.298 ± 0.762	11.309 ± 0.309
C-3	1.480 ± 0.021	0.748 ± 0.013	18.857 ± 0.539	5.680 ± 0.105	0.446 ± 0.021	18.151 ± 0.347	11.960 ± 0.507
C-4	1.481 ± 0.007	0.721 ± 0.006	17.280 ± 0.298	4.332 ± 0.043	0.412 ± 0.013	18.274 ± 0.849	11.672 ± 0.326
D-1	1.394 ± 0.038	0.672 ± 0.019	15.367 ± 0.823	4.705 ± 0.136	0.251 ± 0.008	19.151 ± 0.319	12.945 ± 0.725
D-2	1.398 ± 0.018	0.661 ± 0.013	14.560 ± 0.346	3.518 ± 0.094	0.192 ± 0.006	19.948 ± 0.451	12.192 ± 0.511
D-3	1.358 ± 0.005	0.655 ± 0.006	14.746 ± 0.230	3.483 ± 0.028	0.197 ± 0.005	19.107 ± 0.112	12.423 ± 0.211
D-4	1.439 ± 0.017	0.618 ± 0.013	14.678 ± 0.182	3.669 ± 0.099	0.300 ± 0.029	22.901 ± 0.249	12.820 ± 0.363
E-1	1.237 ± 0.002	0.589 ± 0.003	14.722 ± 0.150	10.701 ± 0.079	0.898 ± 0.038	15.141 ± 0.585	11.976 ± 0.151
E-2	1.210 ± 0.023	0.642 ± 0.012	11.989 ± 1.164	10.027 ± 0.031	0.915 ± 0.031	14.964 ± 0.921	13.105 ± 0.171
E-3	1.892 ± 0.003	1.663 ± 0.016	18.187 ± 0.351	11.095 ± 0.038	1.174 ± 0.046	17.111 ± 0.448	24.451 ± 0.364
E-4	1.855 ± 0.009	1.590 ± 0.007	18.084 ± 0.209	10.188 ± 0.010	1.086 ± 0.006	17.176 ± 0.448	24.217 ± 0.421
E-5	1.453 ± 0.008	1.629 ± 0.023	20.624 ± 0.273	9.221 ± 0.112	0.655 ± 0.024	17.891 ± 0.104	22.031 ± 0.230

表中数值为平均值 ± SE（n = 3）。

表3-4　五个种植地土壤样品的多酚氧化酶、过氧化氢酶、酸性磷酸酶活性和脲酶

土壤样品	根际土壤			
	多酚氧化酶 （mg.g $^{-1}$·soil·3h $^{-1}$）	过氧化氢酶 （mL of 0.1 mo/L kMnO$_4$ g $^{-1}$·soil）	酸性磷酸酶 （mg·g $^{-1}$·soil·24h $^{-1}$）	脲酶 （mg·g $^{-1}$·soil·24h $^{-1}$）
A-1	1.24 ± 0.022	0.209 ± 0.004 2	0.683 ± 0.072 9	0.683 ± 0.072 9
A-2	1.22 ± 0.018	0.242 ± 0.005 8	0.448 ± 0.170 2	0.448 ± 0.170 2
A-3	1.35 ± 0.036	0.232 ± 0.014 2	0.549 ± 0.015 1	0.549 ± 0.015 1
A-4	1.08 ± 0.035	0.23 1 ± 0.005 3	0.530 ± 0.029 6	0.530 ± 0.029 6
A-5	1.15 ± 0.019	0.266 ± 0.015 6	0.504 ± 0.110 5	0.504 ± 0.110 5
A-6	1.10 ± 0.014	0.219 ± 0.004 6	0.436 ± 0.024 5	0.436 ± 0.024 5
B-1	2.45 ± 0.075	0.152 ± 0.005 4	0.077 ± 0.052 1	0.077 ± 0.052 1
B-2	2.50 ± 0.028	0.153 ± 0.003 2	0.069 ± 0.026 0	0.069 ± 0.026 0
B-3	2.45 ± 0.113	0.128 ± 0.000 2	0.078 ± 0.004 8	0.078 ± 0.004 8
B-4	1.34 ± 0.031	0.153 ± 0.000 4	0.019 ± 0.033 2	0.019 ± 0.033 2
B-5	1.17 ± 0.043	0.147 ± 0.005 7	0.087 ± 0.029 7	0.087 ± 0.029 7
B-6	1.47 ± 0.031	0.140 ± 0.003 1	0.057 ± 0.021 1	0.057 ± 0.021 1
C-1	2.11 ± 0.004	0.133 ± 0.018 4	0.478 ± 0.032 4	0.478 ± 0.032 4
C-2	2.45 ± 0.014	0.142 ± 0.010 8	0.518 ± 0.035 5	0.518 ± 0.035 5
C-3	2.43 ± 0.011	0.153 ± 0.000 8	0.485 ± 0.009 3	0.485 ± 0.009 3
C-4	1.71 ± 0.038	0.135 ± 0.019 5	0.384 ± 0.035 5	0.384 ± 0.035 5
D-1	2.44 ± 0.070	0.133 ± 0.009 2	0.285 ± 0.017 3	0.285 ± 0.017 3
D-2	1.22 ± 0.014	0.094 ± 0.002 2	0.217 ± 0.009 7	0.217 ± 0.009 7
D-3	1.28 ± 0.037	0.084 ± 0.015 3	0.113 ± 0.051 3	0.113 ± 0.051 3
D-4	1.46 ± 0.088	0.122 ± 0.003 0	0.278 ± 0.004 2	0.278 ± 0.004 2
E-1	2.46 ± 0.024	0.123 ± 0.010 5	0.232 ± 0.094 1	0.232 ± 0.094 1
E-2	2.08 ± 0.052	0.131 ± 0.005 9	0.228 ± 0.008 1	0.228 ± 0.008 1
E-3	2.62 ± 0.025	0.109 ± 0.005 2	0.173 ± 0.046 2	0.173 ± 0.046 2
E-4	2.41 ± 0.032	0.080 ± 0.006 1	0.213 ± 0.019 0	0.213 ± 0.019 0
E-5	1.49 ± 0.061	0.120 ± 0.000 6	0.125 ± 0.012 5	0.125 ± 0.012 5

表中数值为平均值±SE（$n = 3$）。

本章主要阐述了红皮病与土壤养分之间的关系。通过双样本t检验，发现红皮病组的土壤容重、土壤水分、总铁（Fe）、总锰（Mn）浓度和多酚氧化酶（PPO）活性显著高于健康根系组。红皮病人参非根际土壤的高土壤容重和含水量可能导致土壤渗透性差、透气性差和含氧量低，可能会促进不溶性金属离子还原为可溶性离子，特别是Fe^{3+}还原为Fe^{2+}，这也为Fe^{2+}氧化提供了基础。根际土壤中过量的Fe^{2+}可能对植物根系有毒，可以诱导人参的防御反应，产生酚类化合物。根际土壤PPO活性的增加与其促进土壤中多酚氧化为醌的效率密切相关。醌可以与氨基酸、金属离子和肽结合，在适当条件下形成腐植酸分子和色素。人参根分泌的酚类化合物在根际土壤中被PPO氧化，并螯合金属离子，从而形成色素分子并附着在参根表面，使其呈红色。

皮尔逊检验表明，红皮病指数与pH值、N、Fe、Mn、Al、Zn、Ca和Ni呈显著正相关。植物根系可以通过向根际分泌氧化物质来影响环境，参根在铁毒性胁迫下会产生氧化物质，导致金属离子（特别是铁）的氧化和沉积，这在很大程度上是造成参根表皮和底层皮层细胞症状的原因。因此，红皮病指数随着根际金属离子含量（尤其是铁）的增加而升高。pH值和硝酸盐也参与控制铁循环，较高的根际pH值和含N量可能驱动金属离子的氧化。人参红皮病可能是一种与土壤环境因素密切相关的生理性病害，Fe^{3+}还原和Fe^{2+}氧化反应可能是导致红皮病的重要因素；非根际土壤水分和容重还可以促进Fe^{3+}还原为Fe^{2+}，根际土壤较高的pH值、N含量和PPO含量在金属离子的氧化和螯合过程中起着重要作用。

第二节　人参红皮病土壤养分耦合的微生态机制分析

红皮病的形成是由多种因素引起的复杂过程，主要因素是土壤理化因子以及微生物。就土壤理化因子来说红皮病可归因于Fe、Al、Mn和酚类化合物，尤其是Fe^{2+}；当土壤或营养液中Fe含量过多时，人参根部周皮出现红褐色斑块，即人参红皮病。我们在上一章阐述了非根际土壤的Fe^{3+}还原和根际土壤的Fe^{2+}氧化以及与其他元素（Al、Mn）协同作用对增加红皮病的发生率起重要作用；非根际土壤的高含水量和容重可能导致土壤渗透性和通气性差以及含氧量低，导致不溶性Fe^{3+}还原为可溶性Fe^{2+}离子。而根际土壤的高pH值、有效N含量和多酚氧化酶在很大程度上促进了Fe^{2+}的氧化和螯合，使其形成红褐色沉淀附着在参根表皮。

除了生理因素外，有人认为红皮病是由于人参对侵染微生物的防御反应，锈斑的形成可能是由细菌诱导引起的，如氧化微杆菌和豆科根瘤菌；铁可以协同提高红皮病症状的严重程度。此外，在红皮病病株中检测到的土壤真菌（*Ilyonectria robusta*）被认为是锈色形成的原因。因此，生理因素和微生物因素都能引起红皮病。然而，这些因素在该病害发展中的确切作用仍不清楚。

根际微生物被认为是土壤功能的重要指标。植物根系与根际土壤交界点是发生复杂生物和生态过程的地方，包括营养循环、病原发展和有益微生物对植物的保护；根际微生物群落对农业生态系统中植物的生长、营养补给和健康具有重要影响。因此，破译根际微生物群落结构会为我们更全面地了解红皮病提供帮助。

使用现代微生物生态学工具能进一步阐明根际土壤的组成，基于16S rRNA和ITS基因扩增子测序研究是实现高通量并深入了解土壤细菌和真菌群落有效且经济的方法。前人的研究没有使用高通量测序调查不同红皮病根等级（RG）和指数（RI）的人参根际微生物群落。因此，本节研究的目的是应用16S rRNA及ITS基因测序，探索具有不同RG和RI的人参根际微生物群落组成的差异，并确定红皮病发生的潜在机制与微生物群落组成的关系。基于先前的研究，本研究假设：①红皮病参根主要是由Fe^{2+}氧化伴随着Al和Mn的沉积引起的生理紊乱，弱侵染病原菌的生长和侵染可能会加重红皮病症状；②红皮病主要是由弱侵染病原菌的侵染引起，人参中的生理因子（累积的Fe）可以促进这些病原微生物的生长。

一、土壤取样的采集、DNA 提取、PCR 扩增和测序与统计分析

研究区域位于抚松县人参种植地，北纬41°42′～42°49′，东经127°01′～128°06′。来自黄土母质的白浆土是抚松县的主要土壤类型之一；当地用腐殖质和白浆土（1∶1）的混合土壤来改良人参种植参床的土壤。红皮病发病等级（RG）根据红皮病面积划分为0～4五个等级：RG＝0，红皮病面积＝0；RG＝1，0＜红皮病面积≤10%；RG＝2，10%＜红皮病面积≤25%；RG＝3，25%＜红皮病面积≤50%；RG＝4，红皮病面积＞50%（图3-1；表3-5）；根据不同RG的参根数计算红皮病发病指数（RI）。RG和RI分别用于评估单个植株与参地红皮病的严重程度。秋季在抚松县（表3-5）选择了5个具有不同RI的参地（20 m×20 m），分别命名为A（RI＝0.63）、B（RI＝0.50）、C（RI＝0.69）、D（RI＝0.33）和E（RI＝0.80），从参根周围随机采集了40～60个根际土壤样本；取自10个相同的RG的混合土壤样品作为一个重复试验。将土样置于冰上1～2 d后通过2 mm筛子，使样品均匀并储存于-80℃条件下备用。

选择以下已被证明与红皮病密切相关的参数进行研究：pH值、金属含量（总Fe、

Al和Mn)、土壤水分、有效氮（AN）、有效磷（AP）、有效钾（AK）和多酚氧化酶（PPO）在内的根际土壤养分。表3-2列出了参地土壤养分的概况。5个参地分为两种土壤类型：高红皮病发病指数（RI>0.5）的HRI土壤和低红皮病发病指数（RI≤0.5）的LRI土壤。

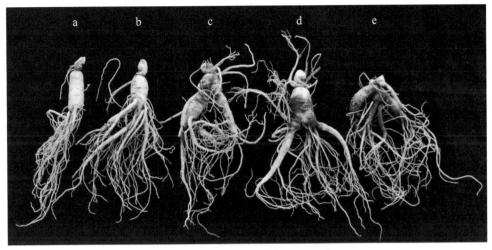

图3-1　红皮病发病等级（RG）

根据红皮病面积划分为0~4共5个等级：a. RG＝0，红皮病面积＝0；b. RG＝1，0＜红皮病面积≤10%；c. RG＝2，10%＜红皮病面积≤25%；d. RG＝3，25%＜红皮病面积≤50%；e. RG＝4，红皮病面积＞50%。

表3-5　土壤样品

地块	16S rRNA测序土样	ITS测序土样	红皮病等级[a]	地点	红皮病指数[a]
A	A-1	A.1	4（＞50%）	抚松县漫江镇	0.63（HRI）[b]
	A-2	A.2	4（＞50%）		
	A-3	A.3	4（＞50%）		
	A-4	A.4	1（≤10%）		
	A-5	A.5	1（≤10%）		
	A-6	A.6	1（≤10%）		
B	B-1	B.1	4（＞50%）	抚松县漫江镇	0.50（LRI）[b]
	B-2	B.2	4（＞50%）		
	B-3	B.3	4（＞50%）		
	B-4	B.4	0		
	B-5	B.5	0		
	B-6	B.6	0		

（续表）

地块	16S rRNA 测序土样	ITS测序土样	红皮病等级[a]	地点	红皮病指数[a]
C	C-1	C.1	2（10%～25%）	抚松县东岗镇	0.69（HRI）
	C-2	C.2	4（>50%）		
	C-3	C.3	3（25%～50%）		
	C-4	C.4	2（10%～259%）		
D	D-1	D.1	3（25%～50%）	抚松县万良镇	0.33（LRI）
	D-2	D.2	0		
	D-3	D.3	0		
	D-4	D.4	1（≤10%）		
E	E-1	E.1	4（>50%）	抚松县万良镇	0.80（HRI）
	E-2	E.2	3（25%～50%）		
	E-3	E.3	4（>50%）		
	E-4	-	4（>50%）		
	E-5	E.5	1（≤10%）		

a缩写：RG表示红皮病发病等级；RI表示红皮病发病指数。

b缩写：HRI表示高红皮病发病指数（>0.5）；LRI表示低红皮病发病指数（≤0.5）。

使用PowerSoil DNA分离试剂盒（美国，加利福尼亚州，卡尔斯巴德市，MoBio实验室）从每份0.5 g的土壤样品中提取微生物DNA，并使用纳米滴分光光度计（美国，宾夕法尼亚州，匹兹堡市，赛默飞世尔科技公司）进行定量分析。

通过PCR技术扩增DNA，条件如下：95℃预热2 min；95℃变性30 s、55℃退火30 s、72℃延伸45 s，27个循环；最后72℃延伸10 min，10℃保温直到停止。采用引物341F（5′-CCTACGGGGNGGCWGCAG-3′）和805R（5′-barcode-CTTGGTCATTTAGAGGAAGTAA-3′）扩增16S rRNA基因的V3-V4区；引物ITS1F（5′-CTTGGTCATTAGGAAGTAA-3′）和ITS1R（5′-barcode-ATGAGCGCGTTCTTCATCGATGC-3′）扩增真菌ITS1序列。PCR反应在20 μL混合物中进行3次，反应体系混合物包含4 μL 5×FastPfu缓冲液、2 μL 2.5 mM dNTPs、0.4 μL引物（5μM）、0.4 μL FastPfu DNA聚合酶（中国，北京，TransGen Biotech）和10 ng模板DNA。

从2%琼脂糖凝胶中提取扩增子，用AxyPrep DNA凝胶提取试剂盒（美国，加利福尼亚州，联合市，Axygen Biosciences）纯化，QuantiFluor-ST（美国，威斯康星州，麦迪逊市，Promega）进行定量分析。根据标准方案，在Illumina MiSeq平台（北京，SinoGenoMax）上对纯化的扩增子进行配对末端测序。

去除条形码和引物序列后，通过FLASH合并原始DNA片段的剩余序列，用QIIME对序列进行质量筛选。利用UCHIME鉴定并去除嵌合序列。使用UPARSE通道将相似度为97%以上序列聚类为操作分类单元（OTU），使用RDP分类器对照RDP细菌16S数据库和UNITE真菌ITS数据库计算每个OTU的分类隶属关系。在门、纲、目、科和属的层次上生成每个样本中的分类单元丰度。序列存储在NCBI中，登录号为SRP131809和SRP129584。

用UniFrac软件进行β多样性分析；R软件的Vegan软件包进行非度量多维标度（NMDS）分析，以探索所有土壤样品中微生物群落的差异性。用非加权组平均法对样本进行层次聚类分析。利用SAS 19.0软件进行统计分析，采用双样本t检验和最小显著性差异的单因素方差分析（LSD）检验分析比较样本的平均值，数据的可变性表示为标准误差，$P < 0.05$或$P < 0.01$。进行Spearman相关分析以评估土壤养分和RI之间的关系以及前35纲细菌和35属真菌的丰度。

二、不同根际土壤养分的差异

表3-6概括了5个参地的根际土壤养分。HRI组的A、C和E土壤样品的pH值、Fe和AP显著高于LRI组B或D土壤样品（$P < 0.05$）。特别是HRI组中的Mn和AN显著高于LRI组所有土壤样品（$P < 0.05$）。此外RI与pH值、Fe、Al、Mn、AN之间存在显著正相关（$P < 0.05$或$P < 0.01$）。金属含量（Fe、Mn和Al）和AN的较高积累与红皮病的形成密切相关，它们可以增加红皮病的发病率。

三、微生物群落结构和多样性研究

序列经过剪切、质量筛选和嵌合体去除后，来自25个样本的572 875个平均长度为437 bp的高质量序列（每个样本8 932～36 186个，平均值＝22 915个序列）为16S保留；来自24个样本的1 315 536个平均长度为285 bp的序列（每个样品从15 403值88 998个，平均值＝54 814个序列）为ITS保留。在97%的相似度水平上，高质量序列被分为43 950个和28 416个OTU，16S和ITS中每个样本的平均OTU数分别为1 758个和1 184个。

通过NMDS和UPGMA聚类分析，评估了5个参地土壤微生物群落的β多样性，它们微生物群落彼此不同（图3-2a、c）；不同土壤细菌群落是基于RI进行聚类的，而不是RG或位置。HRI田间土壤A、C和E之间的相似性更为密切（RI＞0.50；图3-2a），这种现象也反映在使用加权距离的UPGMA聚类模式中（图3-2b）。因此，高RI（HRI，RI＞0.5）会影响土壤细菌群落的组成。在NMDS分析中观察到具有相似位置（A和B；D和E）的真菌群落之间更为相似（图3-2c），通过使用非加权组平均法UPGMA聚类分析进一步证实此种现象（图3-2d）。这种模式表明尤其是高RI的红皮病主要与细菌群落结构相关，而与真菌群落无关。基于这一结果，我们重点研究了HRI和LRI土壤中微生物群落的差异。

表3-6　土壤养分概况

参地	pH值	全铁 (g/kg)	全铝 (g/kg)	全锰 (g/kg)	有效氮 (mg/kg)	有效磷 (mg/kg)	有效钾 (mg/kg)	多酚氧化酶（pupuroallin） (mg/g soil/3h)
A	5.22 ± 0.11c[b]	7.05 ± 0.17b	12.51 ± 0.14bc	0.44 ± 0.01b	480.39 ± 29.24b	41.43 ± 3.88ab	299.84 ± 18.14a	1.19 ± 0.04b
B	4.55 ± 0.08d	5.85 ± 0.22c	11.23 ± 0.26c	0.30 ± 0.01c	293.05 ± 26.11c	12.66 ± 1.50c	327.75 ± 27.61a	1.90 ± 0.26a
C	5.42 ± 0.09bc	5.68 ± 0.54cd	17.01 ± 1.14a	0.51 ± 0.07b	412.06 ± 24.28b	52.95 ± 7.30a	265.30 ± 27.19ab	2.18 ± 0.17a
D	5.63 ± 0.06b	3.84 ± 0.29e	14.84 ± 0.18ab	0.24 ± 0.03c	247.22 ± 5.53c	47.44 ± 8.51ab	169.45 ± 18.05b	1.60 ± 0.28ab
E	6.26 ± 0.18a	10.25 ± 0.32a	16.72 ± 1.51a	0.95 ± 0.09a	565.84 ± 41.32a	32.73 ± 8.16b	325.00 ± 78.01a	2.21 ± 0.20a

同列中不同字母表示均值的差异显著（$P<0.05$）。

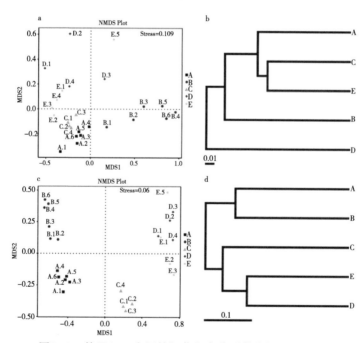

图3-2　基于OTU水平的细菌和真菌群落结构差异分析

（a）基于16S rDNA序列的非度量多维排列（NMDS）图。（b）5个种植地的不同土壤样品相关细菌群落非加权组平均法（UPGMA）聚类分析。（c）基于ITS序列的NMDS图。（d）5个种植地的不同土壤样品相关真菌群落的UPGMA聚类分析。Stress<0.2，表明NMD较好地代表了样品之间的差异程度。

（一）细菌群落组成

使用QIIME将有效细菌序列分类。细菌序列分配到39门，优势菌群为：变形菌门细菌（24.51%～32.38%）、酸杆菌门细菌（9.49%～22.81%）、放线菌门细菌（10.46%～15.79%）、疣微菌门细菌（6.73%～14.49%）、浮霉菌门细菌（5.89%～10.53%）、微囊菌门细菌（3.35%～13.56%）、绿弯菌门细菌（4.78%～8.21%）、芽单胞菌门细菌（2.74%～5.30%）、类杆菌门细菌（2.01%～3.82%）和单糖菌门细菌（0.42%～3.44%），它们占细菌序列的95%以上（图3-3）。不同的RI显著改变了优势细菌群的相对丰度（＞0.1%；表3-7）。在HRI人参根际中，疣微菌门、迷踪菌门和匿杆菌门的相对丰度较高；在LRI人参根际中，微囊菌门、Saccharibacteria、WD272、SM2F11和WCHB1-60的相对丰富度较高（P＜0.05）。酸杆菌门、绿弯菌门和硝化螺旋菌门在HRI中的丰度显著较高；变形菌门则在LRI中的丰度显著较高（P＜0.01）。

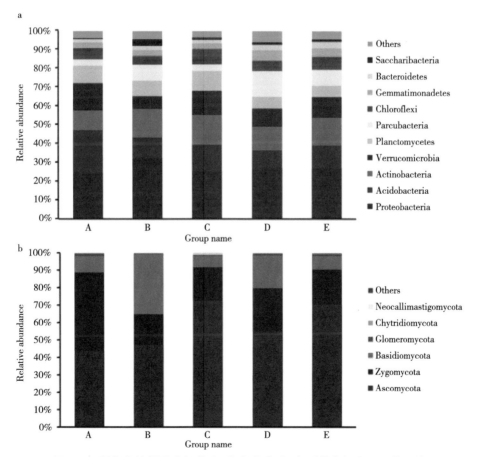

图3-3　所有土壤样品中细菌（a）和真菌（b）群落在门水平上的比较

在纲水平上，丰度最高的是α-变形菌纲细菌（16.05%～22.77%）、未鉴定酸杆菌纲细菌（9.16%～22.18%）、未鉴定放线杆菌纲细菌（6.31%～10.04%）、斯巴达杆菌纲细菌（4.38%～11.19%）、浮霉菌纲细菌（2.97%～5.70%）及γ-变形菌纲细菌（2.19%～6.35%）。通过Spearman相关系数分析了前35纲细菌的相对丰度、土壤养分和RG/RI之间的关系（图3-4a）。包括MB.A2.108、OM190、TK10、KD4.96、硝化螺旋菌纲细菌和未鉴定酸杆菌纲细菌在内的6类细菌群落的相对丰度与pH值、金属含量（Fe、Al或Mn）及AN和AP呈正相关，同时与RG/RI呈显著正相关（$P<0.05$或$P<0.01$）。未鉴定Armatimonadetes和α-变形菌纲细菌与RI呈负相关，同时与pH值、金属含量（Fe、Al或Mn）及AN/AP呈显著负相关（$P<0.05$或$P<0.01$）。

表3-7 不同RI主要细菌门的相对丰度（＞0.1%）

类群	不同红皮病指数	
	高红皮病指数（A，C，E）	低红皮病指数（B，D）
Proteobacteria	25.688 ± 0.834	30.331 ± 1.533**
Acidobacteria	16.920 ± 1.402**	10.487 ± 0.934
Actinobacteria	13.270 ± 1.207	14.105 ± 1.004
Verrucomicrobia	12.908±1.100*	7.905 ± 1.568
Planctomycetes	8.459 ± 0.870	7.396 ± 1.336
Parcubacteria	5.055 ± 1.007	10.442 ± 1.980*
Chloroflexi	6.946 ± 0.366**	5.071 ± 0.465
Gemmatimonadetes	3.276 ± 0.269	3.800 ± 0.481
Bacteroidetes	2.641 ± 0.317	2.855 ± 0.267
Saccharibacteria	0.873 ± 0.185	2.542 ± 0.676*
Nitrospirae	1.237 ± 0.125**	0.348 ± 0.112
Firmicutes	0.447 ± 0193	0.569 ± 0.300
WD272	0.260 ± 02056	0.846 ± 0.229*
Armatimonadetes	0.311 ± 0.035	0.511 ± 0.097

（续表）

类群	不同红皮病指数	
	高红皮病指数（A，C，E）	低红皮病指数（B，D）
Cyanobacteria	0.273 ± 0.057	0.404 ± 0.194
SM2F11	0.079 ± 0.015	0.356 ± 0.112*
Chlamydiae	0.150 ± 0.026	0.230 ± 0.080
Thaumarchaeota	0.092 ± 0.025	0.249 ± 0.160
Elusimicrobia	0.175 ± 0.021*	0.105 ± 0.019
WCHB1-60	0.100 ± 0.026	0.210 ± 0.052*
Latescibacteria	0.137 ± 0.026*	0.045 ± 0.021

同列中不同字母表示均值差异显著，$*P<0.05$，$**P<0.01$。

（二）真菌群落组成

使用QIIME将有效真菌序列分类。真菌序列中子囊菌门真菌（43.51%～72.28%）、接合菌门真菌（17.93%～45.30%）和担子菌门真菌（6.39%～34.40%），占真菌总序列的98.54%（图3-3b）。球囊菌门真菌（0.34%～1.56%）、壶菌门真菌（0.27%～0.57%）和新美鞭菌门真菌（0.01%～0.78%）存在于大多数土壤样品中，但丰度相对较低。一些真菌门在不同的土壤样品中丰度有所不同，例如，接合菌门Zygomycota在HRI（A、C、E）组中的丰度显著高于LRI（B，D）组（$P<0.05$），而担子菌门Basidiomycota的丰度显著低于LRI（B，D）组（$P<0.01$）。

在属水平上，丰度最高的是被孢霉属、亚囊藻属、*Ilyonectria*、*Clonostachys*和木霉属真菌。用Spearman相关系数评估了前35属真菌、环境因素和RG/RI之间的关系（图3-4b）。青霉属、核盘菌属、帚霉属、假丝酵母属和毛壳菌属真菌的相对丰度与pH值、金属含量（Fe、Al或Mn）、AN/AP、PPO和RG/RI呈显著正相关（$P<0.05$或$P<0.01$）；相反，*Cordana*、*Cladophialophora*、木霉属和*Subulicystidium*真菌的相对丰度与pH值、金属含量（Al或Mn）、AN/AP和RG/RI（$P<0.05$或$P<0.01$）呈负相关，而*Cadophora*真菌仅与RG呈负相关。*Ilyonectria*真菌的相对丰度与RG或RI之间无相关性（$P>0.05$）（图3-4b）。

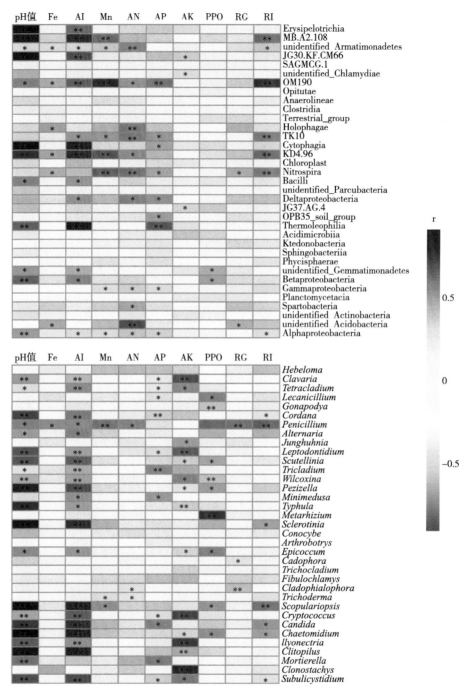

图3-4 Spearman相关性分析与土壤养分、RG/RI和前35属细菌（a）和真菌（b）丰度
之间的相关性

**P < 0.01，*P < 0.05。中间热图显示了每行的r值，表示行之间的Spearman相关系数在
-1和1之间。r>0，正相关；r<0，负相关。AN，有效氮；AP，有效磷；AK，有效钾；PPO，多酚氧化
酶；RG，红皮病等级；RI，红皮病指数。

四、人参红皮病土壤养分耦合的微生态机制分析

白浆土具有高黏性、富含活性还原有机物质和累积矿物元素（Fe、Al、Mn等）的特征，这些特征是人参红皮病发生的主要因素。这与本研究的结果类似：与LRI土壤（B或D）相比，HRI土壤（A、C和E）的pH值、Fe、Mn、AN和AP显著升高（表3-2），表明土壤矿物元素（Fe、Mn等）和硝酸盐浓度的较高积累可能会增加人参红皮病的发生率。尤其Fe被认为是人参红皮病的特征指标。在pH值和AN的促进下，根际土壤中的Fe^{2+}氧化沉积与其他元素（Al、Mn）协同作用是红皮病发病率升高的重要因素。

铁是广泛分布于整个微生物群落的金属之一，铁含量升高可能促进铁代谢细菌的生长，尤其是在富含铁的环境中更为明显。在根际土壤中，过量的Fe^{2+}氧化被认为是红皮病发病的关键因素，因此，推断Fe^{2+}氧化细菌可能在红皮病的形成中起到驱动作用。NMDS和UPGMA分析表明，来自不同种植地的土壤细菌群落基于RI进行聚类而不是RG或位置，在HRI土壤中观察到的情况更为相似（图3-2a、b）。这些结果表明，特别是高RI可能主要与细菌群落结构相关。本研究结果表明，酸杆菌门、绿弯菌门和硝化螺旋菌门在HRI中的相对丰度明显升高，而变形菌门在HRI中的丰度远低于LRI（图3-3a；表3-3）。在纲水平上，未鉴定酸杆菌纲、硝化螺旋菌门的硝化螺旋菌纲以及绿弯菌门的TK10和KD4.96的相对丰度与金属含量（Fe、Al或Mn）、AN和RG/RI呈显著正相关（图3-4a）。据报道，酸杆菌门、硝化螺旋菌门、绿弯菌门和变形菌门参与硝酸盐依赖的Fe^{2+}氧化或Fe^{3+}还原。隶属于硝化螺旋菌门、硝化螺旋菌纲的硝化螺旋菌属细菌是亚硝酸盐氧化细菌，可将亚硝酸盐转化为硝酸盐，在Fe^{2+}氧化过程中起重要作用。硝酸盐还原型Fe^{2+}氧化剂（如酸杆菌门和绿弯菌门的细菌）可将Fe^{2+}氧化成Fe^{3+}，后沉积在参根表面形成红皮病。相反α-变形菌门是Fe^{3+}还原细菌，这与RI呈负相关。因此，我们推断红皮病是由过量的Fe^{2+}氧化和Fe^{3+}沉积引起的，其中包括酸杆菌门、绿弯菌门和硝化螺旋菌门在内的硝酸盐依赖性Fe^{2+}氧化细菌起着驱动作用。

此外，某些属真菌的相对丰度与RG或RI呈显著正相关，这些属的真菌可促进红皮病的生成（图3-4b）。环境因子与RI/RG的相关性和某些属真菌与RI/RG的相关性相似，表明环境因子可以刺激或抑制与红皮病相关属真菌的生长。特别是这5属真菌（毛壳菌属、假丝酵母属、短柄菌属、帚霉属和青霉属）的丰度与RI/RG增加、pH值和Al含量升高呈正相关，而只有青霉属与Fe含量呈正相关（图3-4b）。因此，根际土壤中较高的pH值和元素积累（Fe、Al和Mn）可能是与红皮病相关的真菌生长和弱侵染的原因；人参的防御反应，包括防御相关酶（如PPO）的产生随着真菌数量的增加而增加，随之酚类化合物加剧了红皮病症。这一现象被认为是红皮病或锈腐病的成

因，弱侵染性的*Ilyonectria*真菌可产生低水平的植物细胞壁水解酶和酚类解毒酶；高侵染性的*Ilyonectria*真菌产生大量的水解和氧化真菌酶，破坏植物的防御屏障。然而在本研究中，未发现*Ilyonectria*真菌的相对丰度与RG或RI之间存在相关性（$P > 0.05$），这表明*Ilyonectria*属真菌对红皮病来说不是必要条件。因此，在人参根际土壤中，当弱侵染性的*Ilyonectria*属真菌占优势时，Fe^{2+}和Fe^{3+}的积累能促进真菌的生长和弱侵染；在弱侵染性*Ilyonectria*真菌不占优势的情况下，Fe^{2+}和Fe^{3+}的累积以及Al^{3+}和Mn^{2+}、Mn^{4+}的累积也会促进其他属真菌（毛壳菌属、假丝酵母属、短柄菌属、帚霉属和青霉属）的生长和弱侵染，从而加重红皮病症状。这一结论强调了生理因素和微生物的精确作用，以及基于根际土壤养分和细菌/真菌组成的红皮病发生的关键因素，增加了对人参根际微生物群落与红皮病关系的了解，有助于人参栽培管理及红皮病发生的预防。

第四章

人参响应铁毒胁迫的生理和分子
机制研究

第一节　人参响应铁毒胁迫的生理机制研究

　　铁毒是引起人参红皮病的主要原因，红皮病参根会严重影响人参种植的经济效益。人参红皮病形成过程缓慢，初期沉积物呈红褐色，随着沉积物变为橙色或棕色，最后人参受影响组织被破损。具有灰白色或米黄色且表面光滑无瑕疵的参根具有很高的经济价值，如果在人参表面发现红皮病斑点，则参根的经济价值会降低。铁毒是一种常见病症，会对植物的生长产生影响，尤其是在水稻种植中。大多数矿物土壤含有大量的铁，在有氧条件下Fe^{3+}的有效性很低；但在厌氧和低pH值条件下，不溶性Fe^{3+}被还原为可溶性Fe^{2+}，这可能导致过量的Fe^{2+}被植物根系吸收，最终导致金属毒性，表现为叶黄化并出现深红褐色斑点、生长发育迟缓和耕作受限。植物可能通过回避和耐受机制抵抗铁毒性，铁氧化物胶膜的形成就是回避金属毒性的一种机制，在这一机制中，植物在根水平上将Fe^{2+}氧化为Fe^{3+}，从而产生铁氧化物胶膜；耐受机制包括通过在液泡中沉积铁并将铁隔离在铁蛋白中以无毒形式积累。

　　铁毒是促使人参红皮病形成的重要因素，然而其诱导红皮病确切的生理机制仍有待确定。本章将阐述在金属胁迫下，铁诱导在红皮病参根形态和生理变化中的作用。

一、植物材料的采集、处理及显微观察

　　从吉林省抚松县采集4年生的新鲜带芽孢的人参根，并将其置于沙中培养，在发芽

6 d后用去离子水冲洗均匀根系，并将其转移到2 L含有50 μMFe^{2+}EDTA营养液的塑料盆中（每盆5根幼苗）。将装有人参植株的花盆置于23℃的生长室中培养，给予14 h的光周期和50%~60%相对湿度。

为了研究铁毒诱导对人参根系损伤的影响，在培养3 d后添加额外Fe^{2+}处理人参植株，分别以含有50 μM（对照）、100 μM、200 μM、400 μM和600 μM（铁毒）Fe（II）EDTA的霍格兰营养液培养人参。调节营养液的pH值至5.5，每3 d更新一次营养液，每次更新营养液前测一次pH值，植物在处理14 d后收获，收获时评估并记录红皮病参根症状。收获的参根部用蒸馏水清洗，去除杂质。

收集人参的根尖样品（2~3 mm长），通过透射电镜观察以进行超微结构研究。将样品固定于Karnovsky液中（3%戊二醛，0.1M磷酸缓冲液，pH值7.2），后放入1%氧化锇中固定2 h；固定后的样品用一系列分级乙醇脱水，然后用丙酮脱水；最后将样品嵌入树脂中并聚合成超薄切片，后将其置于80.0 kV电压的透射电子显微镜（HITACHI，H-7500）下观察。

二、铁毒处理后的根系特征

较高Fe^{2+}浓度（≥200 μM）处理的营养液pH值以及人参样品根表面红褐色沉积面积高于对照样品（图4-1、图4-2）。使用SAS8.0（美国，北卡罗来纳州，卡里市，SAS研究所）进行统计分析。平均值取自3个生物学重复，对数据进行单向方差分析，并以显著性水平$P < 0.05$检测处理组内平均值之间的显著差异。使用Microsoft Office Excel 2003进行图形处理。

铁毒处理导致根系表面红褐色沉积和营养液pH值升高。研究表明，在Fe^{2+}胁迫下，水稻根系释放出氧分子使Fe^{2+}氧化。有学者提出植物以硝酸盐（NO$_3^-$）的形式吸收氮，并释放HCO$_3^-$，从而导致pH值升高，根际土壤碱性变得更大。在拟南芥中，作为硝酸盐传感器和催化NO$_3^-$化合物的ATNRT1（硝酸盐转运蛋白）显著受到Fe的调控。因此，ATNRT1可能在Fe过量条件下受到调节并促进NO$_3^-$的吸收。受到Fe胁迫的人参根可能分泌氧化物质，吸收更多的NO$_3^-$并释放HCO$_3^-$，升高pH值并降低Fe的溶解度，Fe^{2+}被氧化成Fe^{3+}并在pH值较高条件下在人参根表面沉积被认为是人参红皮病发生的主要原因。因此，pH值在Fe^{2+}毒介导的人参红皮病中起着关键性因素。Fe^{2+}在人参根表面氧化和沉积可能是人参对Fe^{2+}毒性的抗性机制。

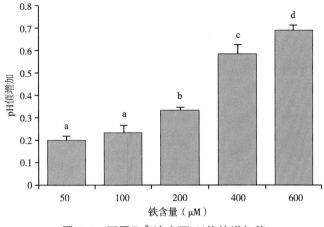

图4-1　不同Fe²⁺浓度下pH值的增加值

不同小写字母表示处理间差异显著（$P<0.05$），相同字母表示无显著差异（$P>0.05$）。

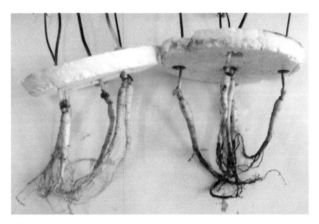

图4-2　正常铁浓度（50 μM，对照）（左）和600 μM Fe²⁺处理（右）的参根特征

三、铁毒对根系超微结构的影响

与其他处理相比，对照组人参根细胞具有丰富的细胞质和细胞器、较小的液泡、光滑连续的细胞壁以及较大的细胞核和核仁（图4-3a、f）。随着Fe²⁺浓度的增加根细胞中原生质体严重收缩、细胞液泡变大并形成中央液泡（图4-3b～e），淀粉颗粒和小囊泡的数量显著增加，细胞质更致密。

在100 μMFe²⁺处理组，一部分液泡合并成一个更大的液泡（图4-3b、g）。在较高Fe²⁺浓度处理条件下，可以观察到液泡膜弯曲融合液泡并捕获细胞质碎片和非膜性电子致密沉积物；还可以经常观察到液泡沉积物（图4-3c）。在一些细胞中，可观察到伴随着许多小囊泡的微管出现在细胞质和细胞壁附近（图4-3h）。在400 μM和600 μM Fe²⁺浓度下，根细胞显示出细胞壁明显增厚、折叠与收缩；细胞膜受损和大量细胞碎片（图4-3d、e、i、j）。数据显示Fe^{2+}浓度增加对根细胞中的线粒体产生不利影响（图4-3k），线粒体嵴数量减少，线粒体变形，一些线粒体开始膨胀或变得细长（图4-3l~n）。外源Fe^{2+}浓度较高的根细胞线粒体外膜破裂，体嵴几乎消失（图4-3o）。

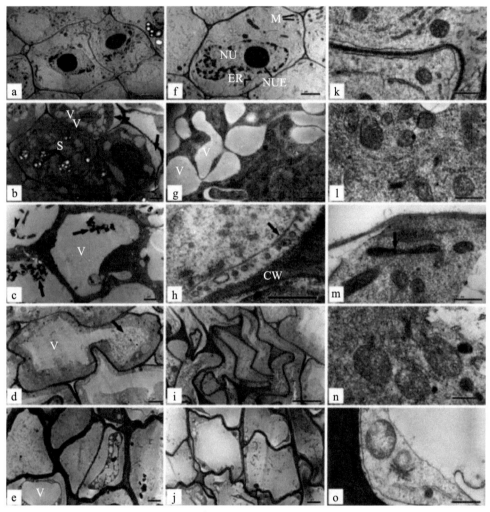

图4-3 不同Fe^{2+}浓度对人参根超微结构的影响

（a）和（f）根细胞具有丰富的细胞质和细胞器，较小的液泡，正常的细胞壁（对照组，50 μM Fe）。标尺2 μm。（b）根细胞显示原生质体收缩（箭头），细胞液泡化和一些淀粉颗粒（100 μM Fe）。标尺2 μm。（c）液泡，包括细胞质碎片（箭头）和电子致密沉积物（箭头）（200 μM Fe）。大量的细胞质碎片（箭形符号）（400 μM Fe）。标尺2 μm。（d）根细胞含有大量细胞碎片（箭形符号）（400 μM Fe）。标尺2 μm。（e）根细胞细胞壁明显增厚、原生质体严重收缩（600 μM Fe）。标尺2 μm。（g）根细胞液泡化，一部分液泡合并（100 μM Fe）。标尺1 μm。（h）伴有大量小囊泡的微管（箭头）（200 μM Fe）。标尺500 nm。（i）根细胞细胞壁折叠与收缩明显（400 μM Fe）。标尺5 μm。（j）根细胞细胞壁折叠与收缩明显、细胞膜损伤（600 μM Fe）。标尺2 μm。（k）线粒体处于凝聚状态（对照组，50 μM Fe）。标尺500 nm。（l）—（n）膨胀和细长的线粒体（箭形符号）（100 μM、200和400 μM Fe）。标尺500 nm。（o）线粒体外膜破裂（600 μM Fe）。标尺500 nm（100 μM、200和400 μM Fe）。

人参根通常会表现出细胞结构的变化作为对铁介导毒性的抵御机制。高浓度的Fe^{2+}引发原生质体严重收缩与淀粉粒化（图4-3b、e），这种现象降低了根细胞的渗透压并阻止细胞吸收过量的Fe。据文献报道，在铁毒胁迫下植物细胞内液泡起着储存和隔离金属的作用。在本研究中也常观察到细胞液泡化、中央液泡的形成和根细胞中的液泡沉积（图4-3b-e、g）。中央液泡捕获细胞质碎片和电子致密沉积物，有助于把有毒金属划分到某一区域。受到较高外源Fe^{2+}浓度胁迫的根细胞出现一些伴随着许多小囊泡的微管，以及明显的细胞壁增厚、细胞壁折叠和收缩（图4-3d、e、h、i、j）。细胞壁增厚可能与高尔基体中产生的多糖有关，多糖通过微管引导的囊泡移动到细胞壁并与Fe复合，阻碍细胞其他部位的过量金属积累。研究发现，在干旱胁迫条件下细胞壁折叠和收缩能防止质膜从细胞壁上撕裂。细胞壁的折叠是对高浓度Fe^{2+}胁迫的响应，试验同时观察到线粒体结构的改变（图4-3l-o），发生这种现象可能是由过量的Fe^{2+}引起，最终导致呼吸作用减少。线粒体适应铁毒的过程伴随着超微结构的变化（变细长或膨胀）和ATP生成的增加，这种现象研究人员先前在镉毒实验中观察到过。

本节主要阐述了在水培条件下人参根响应铁毒胁迫的相关形态和生理变化。经铁毒胁迫处理后，人参根表面出现大面积的红褐色沉积物，并且营养液的pH值随Fe^{2+}浓度的增加而显著增大，表明Fe^{2+}可诱导人参根细胞形态和生理学变化。根部可能通过氧化铁降低铁的溶解度和储存过量的金属来抵御金属引发的毒性，所以，Fe^{2+}和pH值是铁诱导人参红皮病发生的两个关键因素。通过调节Fe^{2+}的量和pH值可有效防止土壤中铁毒性引起的红皮病。

第二节　铁毒诱导人参、西洋参次生代谢产物调控研究

人参皂苷和其他次生代谢产物是人参和西洋参中最重要的活性成分，是衡量人参质量的指标。人参皂苷具有许多药理作用，如抗衰老、抗氧化、增强免疫系统、抗疲劳和抗凝血作用，以及降血糖、抗菌、抗病毒和抗肿瘤活性等功效。鉴于人参皂苷的重要性，提高人参皂苷含量是人参种植和生产的重要目标。其他次生代谢产物在植物生长、抗性和品质方面起着重要作用，如苯丙烷、类黄酮和异黄酮。有研究报道称，苯丙烷类化合物可帮助植物抵御紫外线辐射、高辐照度、低温和营养缺乏等不利胁迫，从而降低病害发生率并改善植物质量。类黄酮是强抗氧化剂，能有效清除植物中的氧自由基，如

黄酮类化合物可以抑制铁胁迫植物中活性氧的过度积累。植物的盐向生长依赖于生长素运输和代谢的精确调节变化，而这两个过程都受类黄酮积累的调节。异黄酮被认为是植物抗毒素，研究人员发现基因*GmMPK1*可通过影响异黄酮含量来增加大豆对抗生物胁迫。基于这些结果，次生代谢物在确定人参质量方面的地位不容被低估。

研究发现，高辐照度、缺水、低盐和金属离子含量增加等胁迫条件会破坏细胞的动态平衡，导致次生代谢物积累的变化。花青素是一类广泛存在于高等植物中的苯丙烷类化合物，低温、低氮、低磷等环境胁迫可以启动并促进花青素的合成。同样，不同浓度的蔗糖可以通过诱导渗透压促进类黄酮积累。UV-B诱导的脱落酸（ABA）抑制2C型蛋白磷酸酶（PP2C）活性，激活SNF1相关蛋白激酶2（SnRK2）活性并上调查尔酮合酶（CHS）和异黄酮合酶（IFS）的表达，从而导致异黄酮积累。因此，适当的逆境胁迫有利于次生代谢产物的合成。

铁是植物生长发育所必需的微量元素并且是人参的重要成分。人参皂苷的含量与铁的有效性密切相关。过量的铁会抑制人参的正常生长，并可能导致生理病害，红皮病可能归因于过量的Fe^{2+}氧化物和Fe^{3+}在土壤中的沉积。适量的铁不会影响人参生长，在一定程度上提高铁含量是促进人参皂苷积累的有效途径。用同位素标记相对和绝对定量（iTRAQ）方法的蛋白质组学分析来比较铁毒胁迫组和对照组的蛋白质图谱，可以进一步研究人参响应铁毒胁迫的分子机制；进行相关蛋白和调节途径的生物信息学分析可以揭示人参响应铁毒胁迫的生理机制。我们希望能够识别铁胁迫响应蛋白和与铁胁迫反应相关的分子过程。这些发现可能为增强对铁毒性胁迫的耐受性、预防红皮病以及探索铁稳态的调节机制提供分子基础上的指导。

一、植物材料的处理与数据分析

（一）植物材料的收集与处理

人参和西洋参种子经过胚后熟和生理后熟后，于23℃条件下播入沙中培养两周。选择生长均匀的人参和西洋参幼苗，在10 L添加有50 μM Fe（Ⅱ）-EDTA的霍格兰营养液的塑料盆中培养（每盆50株幼苗）。经过1周的培养后，用3种不同浓度的Fe（Ⅱ）-EDTA灌根：50 μM（对照）组、1 000 μM的中度铁毒胁迫组和2 000 μM重度铁毒胁迫组。将营养液的pH值调节至5.5。48 h后收集植株，并设计3个独立的生物学重复（每个重复包括50株幼苗）进行蛋白质组学分析。

（二）蛋白质分离与提取

收集新鲜样品（根和叶）并在液氮中研磨。随后将组织粉溶解在裂解液中，裂解液成分为8M尿素、4% 3-（3-（胆酰胺丙基）二甲氨基）-1-丙磺酸内盐（CHAPS）、40 mM三羟甲基氨基甲烷盐酸盐、1 mM苯甲基磺酰氟（PMSF）；4℃，12 000 r/min离心力下离心155 min；37℃下用10 mM二硫苏糖醇（DTT）还原上清液1 h；在室温下暗处用55 mM碘乙酰胺烷基化455 min；用4体积的预冷丙酮在-20℃沉淀蛋白质605 min。离心后将颗粒溶解在0.5 M四乙基溴化铵（TEAB）中，最后超声处理5 min。每个含有100 μg蛋白质的样品在37℃下用胰蛋白酶（威斯康星州，麦迪逊市，普洛麦格）消化过夜，胰蛋白酶与蛋白质的质量比为1∶50。

（三）iTRAQ 标记

胰蛋白酶消化后，通过真空离心将肽脱水。在0.5 M TEAB溶液中溶解肽，依据8-plex iTRAQ试剂盒（应用生物系统）的试验方案进行处理：将一单位的iTRAQ试剂放入70 μL异丙醇中溶解，在室温下培养2 h，用不同的iTRAQ标签标记来自处理（或发病）组和对照组的肽。将肽混合物汇集并通过真空离心干燥。通过强阳离子交换（SCX）色谱法对iTRAQ标记的肽混合物进行分离。

（四）SCX 色谱分离

通过岛津LC-20AB高效液相色谱（HPLC）泵系统进行SCX色谱分离，将iTRAQ标记的肽混合物重新溶于4 mL缓冲液A（25 mM NaH_2PO_4，25%乙腈（ACN），pH值3.0）中，并加载到粒径5 μm的250 mm × 4.6 mmUltremex SCX柱中（Phenomenex），以1 mL/min的流速梯度洗脱：缓冲液洗脱A 10 min；5%~35%缓冲液B（25 mM NaH_2PO_4，1MKCl，25%CAN，pH值3.0）洗脱11 min；35%~80%缓冲液B洗脱1 min。将液相色谱系统在80%缓冲液B中保持3 min，在下一次注入样品之前用缓冲液A平衡10 min。通过测量214 nm处的吸光度来监测洗脱物，每分钟收集一次馏分。将洗脱的肽合并为10个馏分，使用Stratx C18柱（Phenomenex）脱盐并真空干燥。

（五）液相色谱 – 电喷雾电离串联质谱法（LC–ESI–MS/MS）

将每个馏分重新悬浮在一定体积的缓冲液A（5%CAN，0.1%甲酸（FA））中，并在20 000 r/min离心力下离心10 min，每个馏分中肽的最终浓度平均约为0.5 μg/μL。通过自动进样器将每种上清液8 μL加载到Eksigent Nano Ultra系统中的C18捕集柱上，并将肽洗脱到C18分析柱（内径75 μm）上。样品以8 μL/min的速度加载4 min，2%～50%缓冲液B（95%ACN，0.1%FA）以300 μL/min的速率梯度洗脱50 min，随后30 min线性梯度至95%，保持95%缓冲液B 5 min，最后5%缓冲液B保持1 min。

使用三重TOF 5600系统进行数据采集，该系统配备有Nanospray Ⅲ源（AB SCIEX，Concord，ON）和作为发射器的牵引石英尖端（New Objective，Woburn，MA）。数据获取的条件为离子喷射电压2.3 kV、幕气压力20 psi、离子源气体压力1 psi以及界面加热器温度150℃。质谱仪使用RP操作对飞行时间（TOF）质谱（MS）扫描，大于或等于30 000全宽半高宽（FWHM）。基于数据依赖采集模式（IDA）在250 ms内采集测量扫描，在超过200次计数/s的阈值且处于2+～5+充电状态下采集了多达40次产品离子扫描。总循环时间固定为2.75 s。将动态排除设置为峰值宽度的1/2（15 s），从排除列表中刷新前体。

（六）数据分析

使用ProteinPilot 5.0（AB SCIEX）对照已发表的人参基因组数据（人参基因组数据库：http://ginsengdb.snu.ac.kr/），搜索参数：样本类型、iTRAQ 8plex（肽标记）；半胱氨酸烷基化，碘乙酰胺；消化，胰蛋白酶。Unused ProtScore ＞1.3（对应肽置信度 ≥ 95%）作为定量标准。用BLAST进行进一步功能注释，参照基因功能注释（GO，http://www.geneontology.org/）、京都基因和基因组百科全书（KEGG，http://www.genome.jp/kegg/pathway.html）、蛋白质直系同源簇数据库（COG，http://www.ncbi.nlm.nih.gov/COG/）以及基因的进化谱系：直系同源蛋白分组比对数据库（eggNOG，http://eggnogdb.embl.de/）。WoLF-PSORT预测亚细胞蛋白质。

（七）表达基因的荧光定量聚合酶链反应（qRT-PCR）

用含1 000 μM Fe的营养液处理人参和西洋参72 h，在0 h、6 h、24 h、48 h和72 h分别取样。使用含DNaseI的TRIzol RNA试剂盒分别从人参和西洋人参的叶和根中提取总RNA，上述处理后使用AMV第一链cDNA合成试剂盒从1 μg总RNA中反转录cDNA。根据管家基因序列使用引物软件设计qRT-PCR的基因特异性引物（GSPs）（表4-1）。β-肌动蛋白基因用作正常化的内源性对照。PCR试验中3个基因的退火温度和扩增循环数见表4-1。PCR程序包括在95℃变性；95℃下进行40次变性循环；95℃下加热7 s；55～65℃下退火10 s，在72℃延伸15 s。使用具有特定循环数的PCR产物和1.5%琼脂糖凝胶电泳分析mRNA表达水平。

（八）人参皂苷含量的测定

采用高效液相色谱法测定人参总皂苷含量与11种单体人参皂苷的含量。HPLC用C18反相柱（内径250 mm×4.6 mm；5 μm；Pinnacle，Restek）。样品进样量为20 μL，柱温保持在30℃。

表4-1　用于qRT-PCR的引物序列

引物名称	序列
β-actin（F）	ATGTTGCTATTCAAGCCGATCT
β-actin（R）	AACCCTCATAAATGGGGACTGT
C4H（F）	ATGAGATAGACACAGTGCTTGGAC
C4H（R）	TGATTACAGCCTGAAGATACGGT
CAD（F）	GGTGCTGATTCATTTGTGGTC
CAD（R）	TTCCTTGAGGCTTTAACATTCC
PAL（F）	TTTATGGGTCAAATGGTCAGTG
PAL（R）	TAATGGCACAGCCGTTGG

（九）统计分析

每个处理设计3次生物学重复实验。所有数据均表示为3次重复的平均值±标准误。使用SPSS 21.0（美国，IBM）在$P<0.05$水平上通过单因素方差分析和邓肯氏方法对数据进行统计分析。绘制韦恩图（R软件包：Vendiagram 1.6.20，作者：陈汉波）；主成分分析（PCA）分布图（R软件包：stat：prcomp 4.0.2）；热图（R软件包：pheatmap 1.0.12，作者：Raivo Kolde）和直方图（R软件包：ggplot2 3.3.2，作者：Hadley Wickham等）。使用R4.0.2软件进行分层聚类（HCL）分析（R软件包：TCseq 1.14.0，作者：吴梦君）和模糊c-均值分析（R软件包：Mfuzz 2.48.0，作者：Matthias E.Futschik，http://www.r-project.org/）。

二、铁胁迫下人参、西洋参叶片的特征与人参皂苷含量

在用不同浓度铁处理后观察人参与西洋参叶片的特征（图4-4b、c）；叶片在50 μM处理时均表现正常；在1 000 μM处理时西洋参的叶片形态没有变化，但颜色变得更绿，人参叶片的边缘略呈棕黄色并卷曲；在2 000 μM时人参叶片明显枯萎，西洋参叶片与人参叶片相比较仅边缘轻微枯萎。因此，西洋参叶片比人参叶片更能抵御铁毒性胁迫。

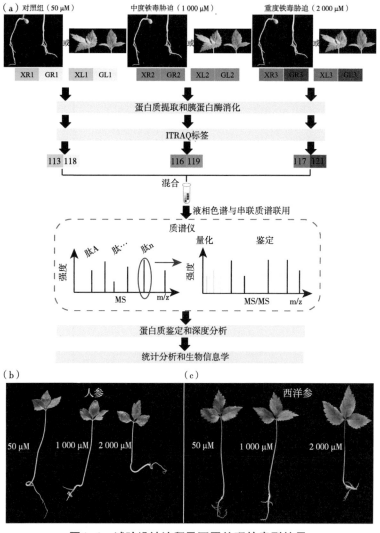

图4-4 试验设计流程及不同处理的表型结果

（a）利用等压相对和绝对定量标签（iTRAQ）液相色谱-串联质谱（LC-MS/MS）技术对人参蛋白质组学进行定量分析的实验设计和工作流程。（b）不同浓度铁对人参的影响。（c）不同浓度铁对西洋参的影响。50 μM：对照组。1 000 μM：中等铁胁迫组。2 000 μM：重度铁胁迫组。XR（1~3）= 西洋参根（1~3组），XL（1~3）= 西洋参叶（1~3组），GR（1~3）= 人参根（1~3组），GL（1~3）= 人参叶（1~3组）。

用HPLC确定不同处理中人参总皂苷以及11种单体皂苷NotoR$_1$、Rb$_1$、Rb$_2$、Rb$_3$、Rc、Rd、Re、Rf、Rg$_1$、Rg$_2$和Ro的含量（图4-5）。根据聚类分析观察到以下差异：在铁胁迫下仅西洋参叶片中11种单体人参皂苷和总皂苷含量增加，其他处理组含量降低（$P < 0.05$）。XL3、XL2和XL1中的单体人参皂苷含量分别为31.5（mg/g）、30.4（mg/g）和24.3（mg/g）。XL2中总皂苷的含量为197.8（mg/g），比XL1

高12.84%。各处理中单体人参皂苷的含量不同，我们发现9种单体人参皂苷之间存在显著差异。在叶片中，GL2或GL3中的Rg_1、Rg_2、Rb_1、Rc、Rb_2和Rd含量分别比GL1高30.21%、4.05%~5.30%、6.45%、7.04%~56.34%、0.53%和26.12%（$P<0.05$）。XL2和XL3中的Rg_1、Re、Rg_2、Ro、Rc、Rb_2、Rb_3、Rd较XL1含量大幅增加，分别为11.43%~121.43%、8.57%~13.71%、20.27%~32.43%、54.55%~63.64%、31.03%~32.18%、43.12%~59.63%、31.06%~34.47%、39.94%~65.47%（$P<0.05$）。在根中，GR2中的Rb_3含量（1.6 mg/g）增加（$P<0.05$），比GR1中的含量高6.85%（$P<0.05$），XR3中的Rg_1和Rb_3含量比XR1高45.52%和6.08%（$P<0.05$）。总体而言，高浓度铁胁迫促进了人参皂苷的积累，对西洋参叶片的影响比人参叶片更为显著。

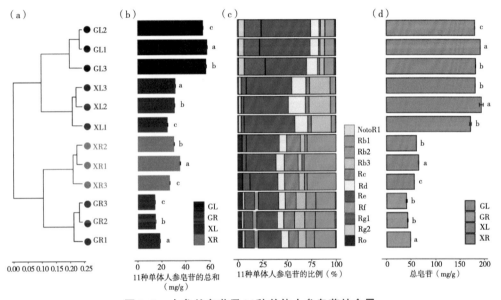

图4-5　人参总皂苷及11种单体人参皂苷的含量

（a）11种单体人参皂苷的聚类分析。通过BrayCurtis距离聚类排列的聚类树。（b）11种单体人参皂苷的总和。误差条表示3个独立实验的平均值的标准误差（SE），不同字母表示差异显著（$P<0.05$）。（c）11种单体人参皂苷在不同处理组中的比例。（d）人参总皂苷含量。误差条表示3个独立实验平均值的标准误差（SE），不同字母表示差异显著（$P<0.05$）。XR（1~3）=西洋参根（1~3组），XL（1~3）=西洋参叶（1~3组），GR（1~3）=人参根（1~3组），GL（1~3）=人参叶（1~3组）。

三、人参和西洋参中差异表达蛋白（DEPs）的鉴定

为了了解铁毒性胁迫的可能机制和分子特征，对人参和西洋参的叶片和根进行了全局蛋白质组学分析，以确定不同处理组之间的DEPs。质量验证后，基于LC/MS数据

获得了几种肽。质量误差的分布接近于零，大多数质量误差小于0.05 Da，表明MS数据的质量精度符合要求。通过IQuant分析鉴定并定量了3组生物重复试验（分别为L1、L2和L3）叶片中的7 090、7 978、8 383个蛋白（图4-6a）、3组（分别为R1、R2和R3）根系中的10 587、8 255、9 013个蛋白（图4-6b）。韦恩图分别显示了3组试验叶片和根系中的3 059和3 720种常见蛋白质（图4-6a、b）。PCA将所有6个样本分离为不同的主成分（PCs）。分离于PC1的铁毒胁迫样品中的蛋白在叶片和根中的差异分别为25.8%和25.9%（图4-6c、d）。在PC2中，1 000 μM和2 000 μM铁胁迫样品之间的蛋白质差异在叶片和根中分别占16.0%和18.6%（图4-6c、d），所以，PCA显示了铁胁迫样品和对照

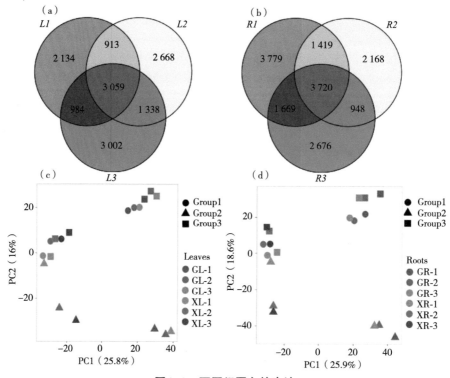

图4-6　不同组蛋白的表达

（a）叶片蛋白的维恩图。（b）根蛋白维恩图。（c）叶片的PCA图。（d）根的PCA图。主成分分析。GL/XL-1、2和3是人参/西洋参叶片的3个生物重复。GR/XR-1、2和3是人参/西洋参根的3个生物重复。

样品的蛋白之间的明显区别。对DEPs进行HCL分析以确定具有相似表达模式的蛋白质组（图4-7），并确定叶片和根系中的4种蛋白表达趋势。人参和西洋参叶片中的大多数蛋白数量随着铁浓度的增大而增加，西洋参叶片的蛋白表达高于人参（图4-7a、b）。人参根系中簇2和簇4的蛋白质与叶片中的蛋白显著不同（样品和对照样品图4-7c、d）。这些结果表明，人参叶片和根对铁毒胁迫的反应存在差异。

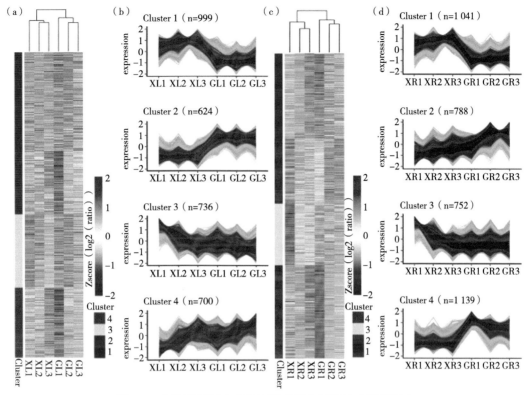

图4-7　不同处理下人参和西洋参蛋白质表达水平的研究

（a）蛋白质在人参叶中的表达。（b）经Z-score归一化的人参叶中蛋白质丰度模式的HCL。（c）蛋白质在人参根中的表达。（d）对芭蕉根中鉴定蛋白丰度模式进行Z-score归一化后的HCL。HCL，层次聚类分析。

　　为了探讨人参、西洋参对铁毒性胁迫的反应机制，从叶片和根中提取了受铁处理的总蛋白。使用iTRAQ标记和LC-MS/MS的综合方法来量化总蛋白的动态变化。就叶片而言，随着铁浓度的增加两种参的DEPs数量增加，西洋参比人参多出200个DEPs（$P < 0.05$）。在GL2/GL1、GL3/GL1，XL2/XL1和XL3/XL1中分别鉴定出约18/23、35/42、39/75和78/126个上调/下调蛋白（图4-8a）。就根来说，人参中DEPs的数量随着铁浓度的增而增加；西洋参中DEPs在1 000 μM铁毒胁迫下最高，在2 000 μM铁毒胁迫下最低。在GR2/GR1、GR3/GR1，XR2/XR1和XR3/XR1中分别鉴定出约11/38、26/77、25/94和1/17个上调/下调蛋白（图4-8b）。在GL2/GL1和GL3/GL1中发现12个常见的DEPs；GR2/GR1和GR3/GR1中发现了23个常见DEPs（图4-8c）；XL2/XL1和XL3/XL1中发现65个常见DEPs。只有8个DEPs在XR2/XR1和XR3/XR1组中重叠（图4-8d）。参与氧化还原反应的蛋白在铁胁迫下有更高的表达水平（表4-2），包括Cu/Zn超氧化物歧化酶（SOD）和甘油醛-3-磷酸脱氢酶（GAPDH）。西洋参中有455个DEPs表达水平高于人参，人参中有270个

DEPs表达水平高于西洋参，这些DEPs包括许多调节离子稳态的蛋白质，如铁蛋白、6-磷酸葡萄糖酸脱氢酶（6-PGD）和含有PRKCSH结构域的蛋白质（表4-2）。因此，西洋参在铁毒胁迫下比人参具有更多的生理活性。

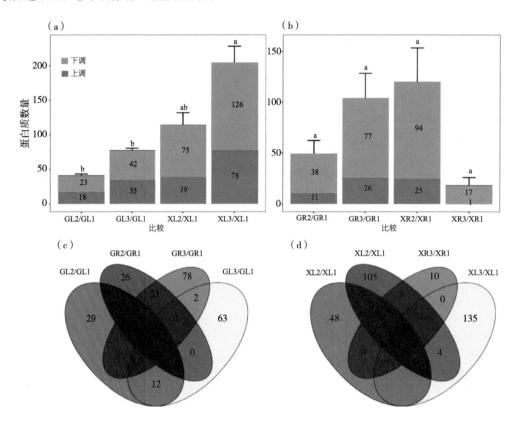

图4-8 每种处理差异蛋白的表达

（a）铁胁迫下叶片DEPs数量。（b）铁胁迫下根系DEPs数量。（c）人参中DEPs的维恩图。（d）西洋参DEPs的维恩图。不同字母表示不同处理之间差异显著（$P<0.05$）。GL2/GL1、GL3/GL1、GR2/GR1、GR3/GR1、XL2/XL1、XL3/XL1、XR2/XR1、XR3/XR1分别表示GL2与GL1、GL3与GL1、GR2与GR1、GR3与GR1、XL2与XL1、XL3与XL1、XR2与XR1、XR3与XR1比较蛋白质的表达差异。XR（1~3）=西洋参根（1~3组），XL（1~3）=西洋参叶（1~3组），GR（1~3）=人参根（1~3组），GL（1~3）=人参叶（1~3组）。

表4-2 参与铁胁迫生物过程的22种DEPs的定量分析

登录号	蛋白质ID	类型	中度胁迫表达量/重度胁迫表达量	生物过程	组
A0A068TQI8	Pg_S0096.12	Unnamed protein product	0.70/0.72	oxidation-reduction process	GL

（续表）

登录号	蛋白质ID	类型	中度胁迫表达量/重度胁迫表达量	生物过程	组
A0A1U7XZE2	Pg_S7821.4	Uncharacterized protein LOC104239053	0.70/0.58	cellular transition metal ion homeostasis，metal ion transport	GL
A0A068UQ93	Pg_S0917.43	PRKCSH domain-containing protein	1.33/1.42	response to salt stress	XL
A0A1U7UV51	Pg_S1392.4	Monocopper oxidase-like protein SKU5	0.64/0.53	oxidation-reduction process	XL
F8SPG5	Pg_S1439.28	Chlorophyll synthase	0.72/0.69	chlorophyll biosynthetic process	XL
Q68S06	Pg_S1555.4	Photosystem I P700 chlorophyll a apoprotein A1	0.74/0.60	photosynthesis，oxidation-reduction process	XL
A0A0A0KF95	Pg_S2143.10	Pyruvate dehydrogenase E1 component subunit β，EC 1.2.4.1	0.63/0.63	oxidation-reduction process	XL
B9SKZ9	Pg_S2354.4	Ferritin，EC 1.16.3.1	1.31/1.43	cellular iron homeostasis，iron ion transport，oxidation-reduction	XL
UPI00058140E2	Pg_S3554.22	Two-pore calcium channel protein 1A	0.67/0.68	defense response	XL
UPI0005813B93	Pg_S4752.7	Calcineurin B-like protein 10 isoform X3	0.63/0.77	hyperosmotic salinity response，regulation of ion homeostasis	XL
U3PV24	Pg_S5290.3	Cu/Zn superoxide dismutase，EC 1.15.1.1	1.37/1.30	oxidation-reduction process	XL
UPI000581234B	Pg_S5348.3	Uncharacterized protein LOC105171630	0.74/0.69	response to oxidative stress	XL

（续表）

登录号	蛋白质ID	类型	中度胁迫表达量/重度胁迫表达量	生物过程	组
B9T6K3	Pg_S6382.1	Copper transport protein atox1, putative	0.74/0.68	cellular transition metal ion homeostasis, metal ion transport	XL
A0A124SG53	Pg_S7360.5	6-Phosphogluconate dehydrogenase	1.30/1.47	oxidation-reduction process, response to salt stress	XL
A0A068UAQ6	Pg_S7594.3	Uncharacterized protein	1.31/1.52	oxidation-reduction process	XL
UPI00046DBD7B	Pg_S5555.3	ATP synthase subunit β, mitochondrial-like	0.67/0.66	ATP synthesis-coupled proton transport	XL
A0A0A0YQF5	Pg_S0578.9	Glyceraldehyde-3-phosphate dehydrogenase, EC 1.2.1.	1.36/1.51	oxidation-reduction process	GR
A0A1U7UV67	Pg_S2389.18	Oxygen-evolving enhancer protein 1, chloroplastic-like	0.74/0.72	photosystem II stabilization	GR
B9S356	Pg_S4042.1	Laccase, EC 1.10.3.2	0.62/0.64	oxidation-reduction process	GR
UPI00051BDF52	Pg_S1555.1	Putative nucleobase-ascorbate transporter 10	0.62/0.75	transmembrane transport	XR
UPI000CCD2ED5	Pg_S1796.3	Hypothetical protein POPTR_0006s14330g	0.53/0.71	G-protein-coupled receptor signaling pathway	XR
M1BNG3	Pg_S2097.3	PRONE domain-containing protein	0.75/0.70	positive regulation of GTPase activity	XR

四、人参、西洋参差异表达蛋白（DEPs）的富集分析

根据GO数据库对人参和西洋参富集的DEPs进行分类。鉴定的蛋白质分为3种类型：与细胞成分、生物过程和分子功能有关的类型。就细胞成分类别来说，大多数富集蛋白与质体、膜和叶绿体有关；就参与生物过程来说，最高度富集的蛋白与单体代谢过程、氧化还原过程、细胞过程和细胞代谢过程相关；与分子功能类别有关的DEPs主要是富含氧化还原酶活性、有机环状化合物基团、金属离子基团、杂环化合物基团、阳离子基团、催化活性和游离基团（图4-9）。

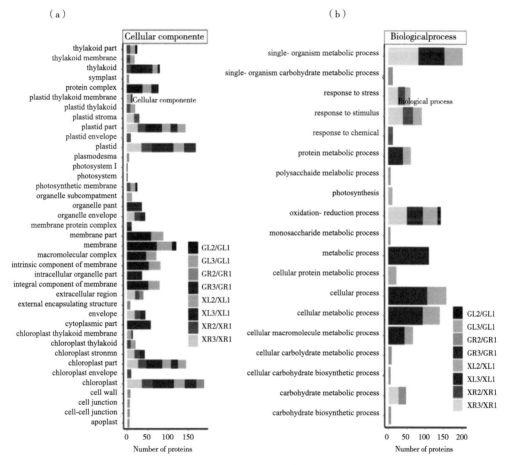

图4-9　基于细胞成分、生物过程和分子功能3类总蛋白的基因本体（GO）分析

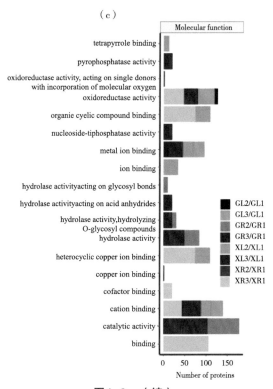

图4-9 （续）

（a）细胞成分。（b）生物过程。（c）分子功能。GL2/GL1、GL3/GL1，GR2/GR1，GR3/GR1、XL2/XL1、XL3/XL1，XR2/XR1和XR3/XR1代表GL2与GL1、GL3与GL1，GR2与GR1、GR3与GR1，XL2与XL1，XL3与XL1、XR2与XR1和XR3与XR1中的差异表达蛋白（DEPs）分别进行比较。XR（1～3）=西洋参根（1～3组），XL（1～3）=西洋参叶片（1～3组），GR（1～3）=人参根（1～3组），GL（1～3）=人参叶片（1～3组）。

　　DEPs的主要KEGG功能分类包括环境信息处理、遗传信息处理和代谢。在这些DEPs中，参与"代谢"途径的蛋白质（151种）表现出最高的富集度（图4-10）。进一步优化筛选（丰富度因子=124%）不同途径中富集的DEPs，分析结果表明，XR3/XR1、XL3/XL1、XL2/XL1和GL3/GL1组中的DEPs在光合作用天线蛋白途径中高度富集。以下5大DEPs是此途径中的关键信号分子：采光复合物Ⅱ叶绿素a/b结合蛋白2（LHCB2）、采光复合物Ⅰ叶绿素a/b结合蛋白4（LHCA4）、采光复合物Ⅱ叶绿素a/b结合蛋白6（LHCB6）、采光复合物Ⅰ叶绿素a/b结合蛋白3（LHCA3）和采光复合物Ⅰ叶绿素a/b结合蛋白1（LHCA1）。这些DEPs与光合作用、蛋白质染色体连锁、叶绿素结合、四吡咯结合和色素结合等过程密切相关。与对照组相比，铁胁迫组大多数蛋白的表达呈显著下调（$P<0.05$）。

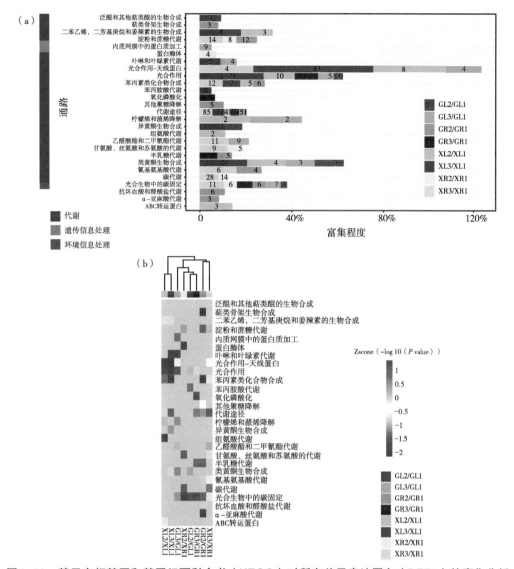

图4-10　基于京都基因和基因组百科全书（KEGG）对所有差异表达蛋白（DEPs）的富集分析

（a）在不同处理下不同途径的蛋白质富集。（b）与图a相对应的方差分析。GL2/GL1、GL3/GL1，GR2/GR1，GR3/GR1，XL2/XL1、XL3/XL1，XR2/XR1和XR3/XR1表示GL2与GL1、GL3与GL1、GR2与GR1、GR3与GR1、XL2与XL1、XL3与XL1、XR2与XR1、XR3与XR1中的差异表达蛋白（DEPs）分别进行比较。XR（1~3）=西洋参根（1~3组），XL（1~3）=西洋参叶片（1~3组），GR（1~3）=人参根（1~3组），GL（1~3）=人参叶片（1~3组）。

五、铁胁迫对人参皂苷合成、次生代谢产物及人参质量的影响

一些前体通过几种UDPG糖基转移酶（UGT）进一步糖基化，以合成人参三醇型皂苷和达马烷型人参皂苷，由图4-11可见，几种关键酶的表达水平上调，如3-羟基-3-甲基

戊二酰辅酶A还原酶（HMGR）、β-胰淀素合成酶（β-AS）、细胞色素P450（CYP450）和UGT。与其他处理相比，HMGR在XR2/XR1和XR3/XR1中的表达更高，表明这些处理中人参皂苷前体增加。β-AS的水平在XL3/XL1中上调，而UGT水平在XL2/XL1、GR2/GR1和GR3/GR1中上调（不显著）。在2 000 μm铁胁迫下，叶片中CYP450的表达显著上调。人参皂苷含量在西洋参叶中片显著增加（图4-12），上述结果与人参皂苷含量的变化一致。

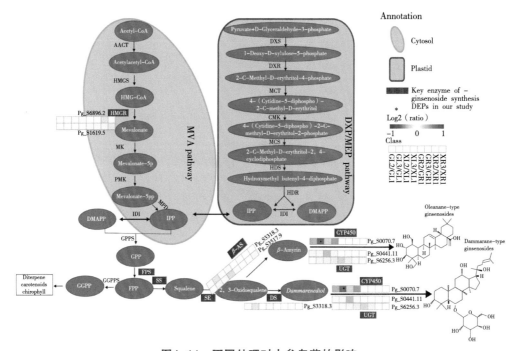

图4-11　不同处理对人参皂苷的影响

　　红色/蓝色方块表示上调/下调的蛋白。HMGR = 3-羟基-3-甲基-戊二酰辅酶A还原酶；β-AS = β-胰淀素合酶；UGT = UDP糖基转移酶；CYP450 = 细胞色素P450；FPS = 法尼基焦磷酸合酶；SS = 角鲨烯合酶；SE = 角鲨烯环氧化酶；DS = 达玛烷二醇合成酶，*表示显著性（$P < 0.05$）。GL2/GL1、GL3/GL1，GR2/GR1、GR3/GR1，XL2/XL1、XL3/XL1、XR2/XR1和XR3/XR1表示GL2与GL1、GL3与GL1、GR2与GR1、GR3与GR1、XL2与XL1、XL3与XL1、XR2与XR1、XR3与XR1中的差异表达蛋白（DEPs）分别进行比较。XR（1~3）= 西洋参根（1~3组），XL（1~3）= 西洋参叶片（1~3组），GR（1~3）= 人参根（1~3组），GL（1~3）= 人参叶片（1~3组）。

　　8个试验组中参与苯丙烷和类黄酮合成途径的几种蛋白质表达不同（图4-13和图4-14）。蛋白质组学测序分析显示，人参和西洋参在铁毒胁迫后参与苯丙酸和类黄酮生物合成酶的编码基因表达大规模上调，包括：GL2/GL1、GL3/GL1，XL3/XL1、GR2/GR1和XR3/XR1中的苯丙氨酸解氨酶（PAL）；XL2/XL1和XL3/XL1中的过氧化物酶（POD）；GL3/GL1和XL3/XL1中的肉桂酸4-羟化酶（C4H）；XL3/XL1中的肉桂酰

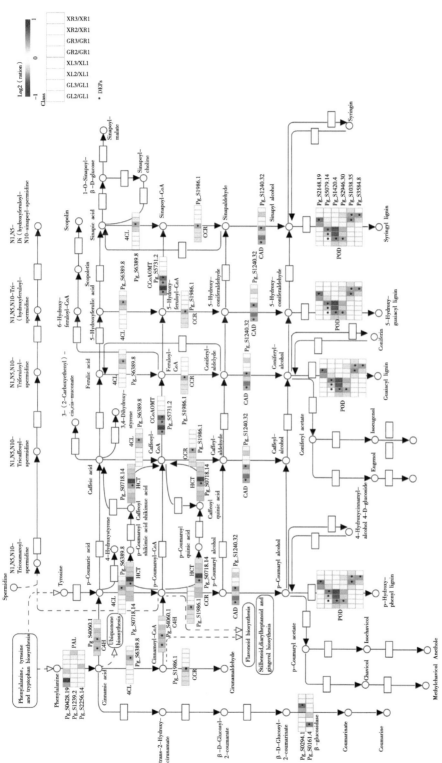

图4-12　不同处理对苯丙酸生物合成的影响

红色/蓝色块表示上调/下调蛋白。*表示显著性（P<0.05）。GL2/GL1、GL3/GL1、GR2/GR1、GR3/GR1、XL2/XL1、XL3/XL1、XR2/XR1、XR3/XR1代表GL2与GL1、GL3与GL1、GR2与GR1、GR3与GR1、XL2与XL1、XL3与XL1、XR2与XR1和XR3与XR1中的差异表达蛋白（DEPs）分别进行比较。XR（1~3）＝西洋参根（1~3组），XL（1~3）＝西洋参叶片（1~3组），GR（1~3）＝人参根（1~3组），GL（1~3）＝人参叶（1~3组）。

乙醇还原酶（CCR）和莽草酸-O-羟基肉桂酰转移酶（HCT）；GL2/GL1、XL2/XL1和XL3/XL1中的咖啡酰辅酶A-O-甲基转移酶（CCoAOMT）；以及GL2/GL1和XL3/XL1中的肉桂醇脱氢酶（CAD）。参与GL3/GL1和GR3/GR1中β-葡萄糖苷酶以及GR3/GR1中4-香豆酸辅酶A连接酶（4CL）合成的蛋白质的表达水平显著下降。在GL2/GL1、XL2/XL1、XL3/XL1，GR3/GR1和XR2/XR1中检测到白细胞色素还原酶（LAR）的表达水平增加。

异黄酮生物合成途径中的DEPs包括2-羟基异黄酮脱水酶（HIDH）、异黄酮-7-O-甲基反式酯酶（7-IOMT）、异黄酮2′-羟化酶（CYP81E1_7）和维斯蒂酮还原酶（VR）（图4-11）。HIDH在XL3/XL1和GL3/GL1中的表达水平显著高于其他对照组，CYP81E1_7在XL2/XL1及XL3/XL1中的表达水平显著高于其他对照组。7-IOMT在GR3/GR1中的表达水平降低，在XL3/XL1中显著升高。XL3/XL1中VR表达降低。总体来说，参与次生代谢产物合成途径的大多数DEPs均显著上调。

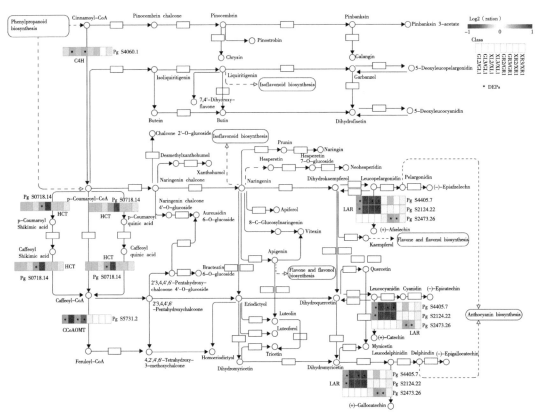

图4-13 不同处理对类黄酮生物合成的影响

红色/蓝色块表示上调/下调蛋白。GL2/GL1、GL3/GL1、GR2/GR1、GR3/GR1、XL2/XL1、XL3/XL1、XR2/XR1、XR3/XR1分别表示GL2与GL1、GL3与GL1、GR2与GR1、GR3与GR1、XL2与XL1、XL3与XL1、XR2与XR1、XR3与XR1比较中蛋白质（DEPs）的差异表达。XR（1～3）＝西洋参根（1～3组），XL（1～3）＝西洋参叶（1～3组），GR（1～3）＝人参根（1～3组），GL（1～3）＝人参叶（1～3组）。*表示差异显著（$P < 0.05$）。

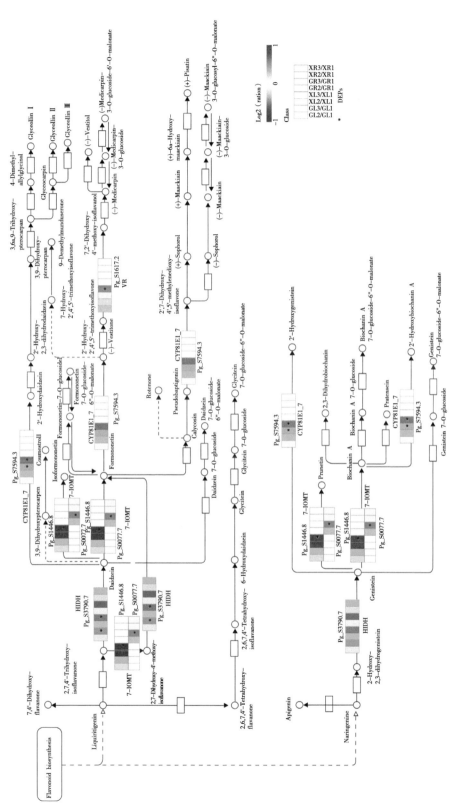

图4-14 不同处理对类异黄酮生物合成的影响

红色/蓝色块表示上调/下调蛋白。GL2/GL1、GL3/GL1、GR2/GR1、GR3/GL1、XL2/XL1、XL3/XL1、XR2/XR1、XR3/XR1分别表示GL2与GL1、GL3与GL1、GR2与GR1、GR3与GR1、XL2与XL1、XL3与XL1、XR2与XR1、XR3与XR1比较中蛋白质（DEPs）的差异表达。XR（1～3）＝西洋参根（1～3组），XL（1～3）＝西洋参叶（1～3组），GR（1～3）＝人参根（1～3组），GL（1～3）＝人参叶（1～3组）。*表示差异显著（$P<0.05$）。

为了研究人参、西洋参根与叶片中差异表达显著的基因，选择3个相对重要的基因，并对其在1 000 μM铁胁迫处理后的不同时间进行了qRT-PCR分析（图4-15），发现XR中C4H和CAD以及GL和XR中PAL等基因差异表达（$P<0.05$），XR中的C4H在6 h处理组和72 h处理组的表达有显著差异；含量在6 h处理组与0 h组（对照组）有显著差异（$P<0.05$），与72 h处理组含量无显著差异（图4-15a）。CAD与XR中的C4H表现出相同的趋势（增加，减少，再增加）；它们在0 h（对照组）、6 h或72 h的处理之间没有显著差异（图4-15b）。PAL在GL中的表达水平从6 h到72 h显著降低（$P<0.05$）。与对照组（0 h）相比，XR中的PAL水平在72 h显著增加，并且在72 h达到最高表达水平（图4-15c）。统计分析表明，除上述4种情况外，所有分析基因的表达水平变化均不显著。通过qRT-PCR分析检测到的基因表达变化与iTRAQ定量结果非常一致，表明iTRAQ结果足以用于进一步分析。

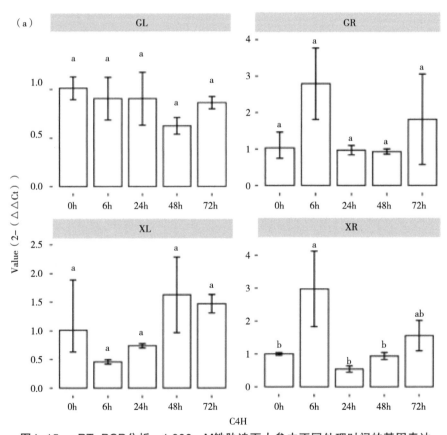

图4-15 qRT-PCR分析，1 000 μM铁胁迫下人参中不同处理时间的基因表达

（a）C₄H。（b）CAD。（c）PAL。误差线表示3个独立实验平均值的标准误差（SE），使用$2^{-\Delta\Delta Ct}$（目标基因与对照基因的比率）的方法计算相对表达量。不同字母表示差异显著（$P<0.05$）。GL和GR分别代表人参的叶片与根，XL和XR分别代表西洋参叶片与根。

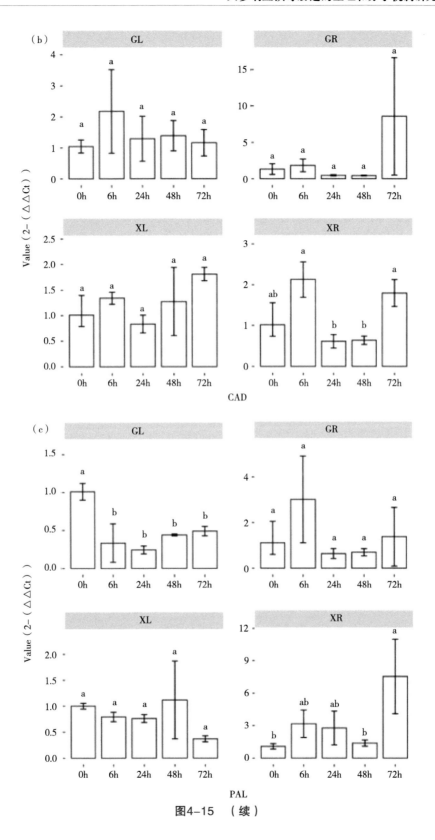

图4-15　（续）

植物次生代谢产物的合成与生物和非生物诱导子有关，其中包括金属离子。由金属含量增加引起的多酚类化合物（类黄酮和异黄酮）和木质素的增加清楚地反映了植物对细胞损伤的保护反应。黄酮类化合物和苯丙烷类化合物的金属螯合作用和自由基清除性能表明，它们可能在金属毒性相关的病害和氧化胁迫中起着作用。本研究中，铁胁迫组中合成类黄酮所需的蛋白质（例如PAL和LAR）的表达比对照组增加。PAL是一种关键的限制性酶，在苯丙烷途径中具有明确的特征，它参与植物中多酚化合物（如黄酮类化合物）、苯丙烷类化合物和木质素的生物合成。研究还发现，铁胁迫下人参和西洋参叶中PAL蛋白水平增加，但不显著（图4-5），qRT-PCR分析表明人参和西洋参叶中PAL表达总体下降。这些结果与最近的研究报道一致，表明高铁供应显著降低了PAL活性。我们还观察到PAL在铁胁迫下的人参、西洋参根中的表达水平显著增加（图4-6），后者具有更多优势，表明西洋参比人参更能抵抗铁胁迫。LAR属于氧化还原酶家族，参与类黄酮的生物合成。虽然已证实LAR可激活或抑制类黄酮生物合成途径的结构基因，但它与铁的关系尚未见报道。我们的研究首次表明在铁胁迫下LAR的表达显著上调。

木质素有很强的金属结合能力，研究表明木质素有和铁离子结合形成络合物的能力，从而降低铁毒胁迫。HCT与肉桂酸的合成有关，肉桂酸衍生物是木质素和相关化合物生物合成的中间体。CCoAOMT表达的下调可以导致玉米木质素产量减少，POD是木质素合成最后一步的重要酶，虽然确切的机制尚未确定，POD在提高植物对病原体的防御能力方面起着重要作用，C4H和CAD也参与木质素的合成。本研究表明，上述几种蛋白在铁胁迫下苯丙酸和类黄酮的生物合成途径中显著富集。文献报道称铁含量的增加促进了木质素的合成，可以推测铁胁迫还可能通过增加苯丙酸途径中HCT、CCoAOMT、POD、C4H和CAD的表达来增加人参、西洋参中的木质素含量。铁胁迫可导致植物氧化还原反应失衡，异黄酮可减少氧化胁迫造成的损害。研究发现参与异黄酮合成的各种酶蛋白，如HIDH、7-IOMT和CYP81E1_7的表达水平在铁胁迫下显著上调（图4-6）。大豆HIDH蛋白的定点突变研究表明，其独特的氧阴离子洞和催化三元结构是脱水酶和弱酯酶活性所必需的。7-IOMT的两种底物是S-腺苷基甲硫氨酸和7-羟基异黄酮，两种产物是S-腺苷同型半胱氨酸和7-甲氧基异黄酮。CYP81E1_7是一种使用氧分子作为氧化剂的酶，也可以还原氧。这些研究表明HIDH、7-IOMT和CYP81E1_7与氧化还原反应有关。文献报道大豆在铁胁迫条件下大豆异黄酮含量增加。这一发现与本研究结果相似，在铁胁迫下人参异黄酮合成酶的表达显著增加。值得注意的是，异黄酮和木质素生物合成的代谢途径共享相同的前体：p-香豆酸-CoA。因此，CCoAOMT活性的上调可能增加代谢产物对木质素合成的通量，从而限制异黄酮合成底物的利用，这一假设需要进一步调查来证实。

类黄酮、多酚、木质素和异黄酮作为重要的生物活性化合物，具有多种生物、药理活性以及营养和药用价值；此外，它们在植物生长、发育和繁殖中也起着各种生理作用。本研究表明，人参具有自我保护防御机制。当植物受到某些外部因素的胁迫时，这种机制通过合成次生代谢物来响应胁迫而被激活。人参次生代谢产物的增加减轻了铁胁迫下引起的损伤，不仅为提高人参品质提供了参考，也为田间防治人参生理性病害提供了理论参考。

人参皂苷含量可能与人参光合作用有关。叶绿素是植物光合作用必需的成分，铁是植物叶绿素的重要组成部分，但过量的铁会对植物光合作用造成严重损害。在我们的研究中，根据GO和KEGG分析许多DEPs主要在叶绿体中和光合作用途径中富集，而铁胁迫组中大多数DEPs的表达下调。因此，许多与光合作用有关蛋白质的表达受到抑制会导致光合作用下降。HPLC鉴定结果表明，在一定浓度范围内铁可以促进一些人参皂苷的合成（图4-1）。文献报道称随着铁浓度增加到一定程度，人参皂苷的合成显著增加，本实验结果也证实了这一点。研究表明适当的生理胁迫（水分亏缺）可以有助于降低叶片叶绿素含量并增加某种人参皂苷。因此，轻微减弱的光合作用可能会增加人参皂苷的含量，但过量的铁毒性胁迫可能会损害叶片，并导致人参皂苷的减少，这与干旱胁迫下的结果相似。

适度的外部胁迫可以改善人参的品质。例如，高温、紫外线（UV）辐射和土壤养分胁迫等可刺激人参细胞次生代谢产物和人参皂苷的生物合成。此外我们还发现，一些参与人参皂苷合成的甲羟戊酸（MVA）途径关键酶（如HMGR、β-AS、UGT和CYP450）的表达水平上调（图4-4）。HMGR是一种在MVA途径中起重要作用的速率控制酶，通过抑制磷酸化可以实现HMGR的短期调节。本研究发现铁胁迫也对HMGR水平有影响，西洋参相应的HMGR含量也高于人参。相关研究也证实铁载体和甾醇代谢的协调调节与共同前体MVA相关，缺铁时HMGR的表达增加，铁如何调节HMGR的合成需要进一步研究。各种类型人参皂苷通过3个关键反应合成：环化、羟基化和糖基化以及UGT介导的糖基化，其中UGT介导的糖基化是人参皂苷生物合成的最后一步，也是人参皂苷结构和功能差异的重要因素。虽然一些与人参皂苷合成相关的糖基转移酶编码已被分离并鉴定出，但对人参中的糖基化机制知之甚少。在铁胁迫处理下的人参根中发现了更多的UGT蛋白，表明受胁迫的人参根比未受胁迫的根具有更高的葡萄糖基转移酶活性。文献也证实UGT基因活性可以调节，其过度表达可增加UGT的积累和人参皂苷的水平。植物中的CYP450对防御化合物、脂肪酸和激素的生物合成非常重要，CPY450也是人参皂苷合成最后一步的关键酶，增加CYP450基因家族成员的表达可以增加人参皂苷含量。以上内容与本研究结果一致，其中CYP450的含量在铁胁迫下增加（图4-4）。同时，XL2和XL3中某些人参皂苷的含量也相应增加（图4-1）。

第五章

基于元素互作开展缓解人参铁毒胁迫研究

第一节　钙元素缓解人参铁毒胁迫的机制研究

钙（Ca）是一种调节植物生长发育的重要的营养元素，Ca在金属胁迫中起着重要作用。据报道，Ca通过减少镉（Cd）的吸收和积累、减少活性氧（ROS）的产生以及抑制氧化损伤来减轻Cd对植物的毒性。Ca能够通过保持拟南芥幼苗的生长素稳态来缓解Cd胁迫下根系生长受到的抑制，并能够帮助芥菜抵御Cd的有害影响从而提高芥菜种子质量。Ca还可以通过降低高丛蓝莓铝（Al）敏感品种的Al积累来减轻Al毒性。所以，外源Ca可改善植物中的金属毒性表明，Ca可以通过消除活性氧和维持膜稳定性来改善Fe^{2+}毒性。

然而，关于通过施用Ca减轻人参Fe^{2+}毒性的报道很少。本节将主要探讨Ca对人参Fe^{2+}毒性的缓解机制，这对于缓解人参栽培中的红皮病发生具有重要意义。

一、植物材料的处理与成分测定

参考以往的研究成果制备4年生人参苗和营养液，将人参苗放入沙中发芽10 d后，将形态均匀的幼苗洗涤干净并转移到装有营养液（含有0.05 mM Fe和4.0 mM Ca）的2 L塑料盆（每盆5株幼苗）中培养2 d，随后用不同浓度的Fe（Fe（Ⅱ）EDTA）（0.05 mM和0.40 mM Fe）处理人参幼苗，将其溶解在含有不同浓度Ca［Ca（NO$_3$）$_2$］的营养液中，如下所示：

（1）营养液（对照）（C0）。含0.05 mM Fe和4.0 mM Ca的霍格兰溶液。

（2）Fe^{2+}毒胁迫和Ca（C1）。含0.40 mM Fe和4.0 mM Ca的霍格兰溶液。

（3）Fe^{2+}毒胁迫和Ca（C2）。含0.40 mM Fe和16.0 mM Ca的霍格兰溶液。

（4）Fe^{2+}毒胁迫和Ca（C3）。含0.40 mM Fe和32.0 mM Ca的霍格兰溶液。

参苗培养于23℃的室内，营养液每3 d更新一次。人参在生长28 d后收获，此时植物在水培中表现出铁毒性特征。每个处理的所有生理分析和生化测定均设置3个生物重复。

收获后，将参根浸泡在20 mM Na_2-EDTA中15 min，以去除附着在根表面的离子，随后分别收集根与叶并烘干。将干燥的根和叶片组织（100 mg）磨细后用H_2SO_4/HNO_3和HNO_3/$HClO_4$的混合物消化处理。通过电感耦合等离子体–发射光谱法（ICP-OES，美国，瓦里安）测定铁和钙含量。

新鲜叶片样品称重并在冷冻条件下在超氧化物歧化酶（SOD）和过氧化物酶（POD）特异性磷酸钾缓冲液中均质。通过在560 nm处测量对硝基蓝四唑（NBT）光还原的抑制来测定SOD活性，一个SOD单位被定义为NBT还原50%抑制酶的量。POD活性基于在470 nm处用H_2O_2氧化愈创木酚测定。叶绿素和类胡萝卜素的含量测定方法如下：新鲜叶片组织样品在96%（v/v）乙醇中研磨。在665 nm、649 nm和470 nm处测量吸光度，以96%乙醇作为空白计算色素含量。

人参皂苷Rg_1、Re、Rb_1和Rb_2标准品购自中国食品药品检定研究院（北京），纯度≥98%。标准品用甲醇溶解后混合到含有0.21 mg/mL Rg_1、0.17 mg/mL Re、0.21 g/mL Rb_1和0.10 mg/mL Rb_2的标准溶液中。称重干燥的参根，并参考文献记载的方法定量分析4种主要人参皂苷Rg_1、Re、Rb_1和Rb_2的含量。将干燥的人参根捣碎并通过40目筛，每种粉末悬浮在80%甲醇中，超声提取1 h。提取液经过离心后通过0.2 μm注射过滤器过滤上清液。在进行超高效液相色谱（UPLC）分析之前，滤液一直储存于4℃。在ACQUITY UPLC系统（美国，马萨诸塞州，米尔福德市，沃特斯公司）上使用PDA检测器和ACQUITY UPLC BEH C18柱（50 mm×2.1 mm，1.7 μm）进行人参皂苷的分离和检测（图5-1）。使用SAS8.0（美国，北卡罗来纳州，卡里市，SAS研究所）进行统计分析。每个处理（C0、C1、C2和C3）重复3次。试验结果取3次重复的平均值，表示为平均值±标准差（SE）。对数据进行单因素方差分析，并采用最小显著性差异（LSD）检验，以$P < 0.05$的显著性水平评估各处理组之间的显著性差异。

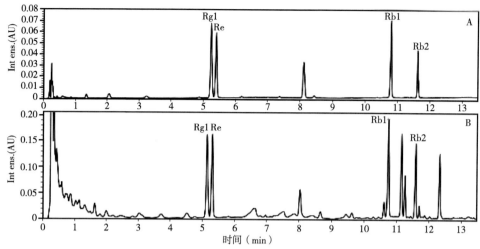

图5-1　通过超高效液相色谱法（UPLC）测定的人参皂苷含量

（A）人参皂苷Rg_1、Re、Rb_1、Rb_2标准品的UPLC色谱图和（B）样品的UPLC图谱。

二、钙元素缓解人参铁毒胁迫机制

在Fe^{2+}毒胁迫（C1）下，根表面出现的红褐色沉积物与叶片上出现的坏死斑点（图5-2A、C）被认为是典型的Fe^{2+}引起的毒性症状。报道称栽培水稻暴露于Fe^{2+}毒性也表现出Fe^{2+}中毒的典型症状，如叶子变黄，根表面上形成红色外层。通过在根表面氧化Fe^{2+}形成的铁膜被认为是植物排除土壤或营养液中大量Fe^{2+}的耐受机制。过量的Fe在叶片中积累（图5-2A），游离Fe通过形成活性氧（ROS）催化氧化胁迫从而对植物造成严重损害。

同时存在Fe^{2+}毒和Ca（C2或C3）的情况下，在叶片和根系没有观察到明显的症状。较高剂量的Ca（16 mM和32 mM，对照霍格兰营养液中为4.0 mM）显著降低了营养液中较高浓度的铁（0.40 mM而不是0.05 mM）培养植物的毒性症状（图5-2B、D）。在根系中，未观察到Fe元素吸收的显著变化（图5-2A）。Ca（C2和C3）的添加显著增强了Fe^{2+}毒处理下根中Ca的积累（$P < 0.05$）（图5-2B）。在叶片中，Ca剂量为16 mM和32 mM时（$P < 0.05$）铁胁迫下的Fe累积量从1.31 mg/g降低到<0.3 mg/g（$P < 0.05$）水平，而Ca剂量为32 mM时，Ca浓度从3.20 mg/g增加到6.19 mg/g（$P < 0.05$）（图5-2A、B）。由于Ca与Fe在化学性质上高度相似，Ca和Fe在细胞内的摄取和转运中共享转运蛋白。因此，营养液中增加的Ca对Fe的生物累积具有拮抗作用，并可能与Fe竞争其吸收利用。

抗氧化酶的活性在不同处理下变化不一（图5-2C、D）。Ca的补充分别增强了铁胁迫叶片中主要抗氧化酶SOD和POD的活性（$P < 0.05$）（图5-2C、D），证明Ca可以

进一步启动酶保护系统以消除ROS并减轻毒性造成的损害，这在暴露于Cd毒的芥菜和水稻中也表明了这一点。与对照植物（C0）相比，Fe^{2+}毒性处理（C1）降低了叶绿素a（chla）的含量，导致叶片中总叶绿素含量显著降低（表5-1）。Ca（C2和C3）的添加减轻了过量Fe对总叶绿素含量的负面影响。与Fe^{2+}毒性胁迫（C1）相比，Ca浓度为32 mM（C3）的营养液中类胡萝卜素的含量增加。Ca的添加降低了叶片中Fe含量，减轻了过量Fe对色素含量的负面影响。此前有报道称在Cd胁迫的植物中施用Ca促进了叶绿素和类胡萝卜素的生物合成。

图5-2　Ca对Fe^{2+}毒性胁迫下根和叶片特性的影响

（A）0.4 mM Fe+4.0 mM Ca；（B）0.4 mM Fe+16.0/32.0 mM Ca；（C）0.4 mM Fe+4.0 mM Ca；（D）0.4 mM Fe+16.0/32.0 mM Ca

表5-1　人参叶片叶绿素和类胡萝卜素含量

处理	叶绿素a含量（mg/g）	叶绿素b含量（mg/g）	叶绿素a+b含量（mg/g）	类胡萝卜素含量（mg/g）
C0	2.67±0.09b	1.18 ± 0.02ab	3.85±0.11b	0.94 ± 0.06ab
C1	2.04 ± 0.09a	0.94 ± 0.04a	2.98 ± 0.12a	0.79 ± 0.02a
C2	2.46 ± 0.27ab	1.37 ± 0.19b	3.84 ± 0.42b	0.91 ± 0.09ab
C3	2.70 ± 0.16b	1.22 ± 0.09ab	3.92±0.25b	1.01 ± 0.08b

注：数值为3个重复的平均值±SE，处理之间的显著差异（$P < 0.05$）用不同的字母表示。

Fe^{2+}毒性处理（C1）显著降低了根系干重，向受Fe^{2+}毒性胁迫的植物施用Ca后降低了过量Fe对根系干重的负面影响（$P < 0.05$）（表5-2）。人参皂苷具有多种药理和生理作用，是人参的主要活性成分，其中Rg_1、Re、Rb_1和Rb_2是4种主要人参单体皂苷。在Fe^{2+}毒处理（C1）下，参根中Rg_1的含量减少，而Re和Rb_1的含量显著增加。添加Ca（C2和C3）处理后，4种皂苷Rg_1、Re、Rb_1和Rb_2的含量进一步增加。当32 mM Ca也加入0.4 mMFe胁迫水平的营养液中（干组织分别为4.44 mg/g、6.53 mg/g、8.33 mg/g和4.14 mg/g）时，参根中4种人参皂苷Rg_1、Re、Rb_1和Rb_2的含量也有所提高（干重分别为6.77 mg/g、6.82 mg/g、10.74 mg/g和6.06 mg/g）。

表5-2　人参根系干重和人参皂苷含量

处理	干重（g）	Rg_1（mg/g）	Re（mg/g）	Rb_1（mg/g）	Rb_2（mg/g）
C0	1.32 ± 0.04c	5.44 ± 0.24b	4.85 ± 0.27a	6.75 ± 0.16a	3.88 ± 0.26a
C1	0.83 ± 0.02a	4.44 ± 0.32a	6.53 ± 0.28b	8.33 ± 0.33b	4.14 ± 0.18a
C2	1.12 ± 0.05b	5.97 ± 0.15b	6.93 ± 0.26b	8.80 ± 0.35b	5.14 ± 0.38b
C3	1.14 ± 0.05b	6.77 +0.21c	6.82+0.31b	10.74 +0.13c	6.06 ± 0.14c

注：数值为3个重复的平均值±SE，处理之间的显著差异（$P < 0.05$）用不同的字母表示。

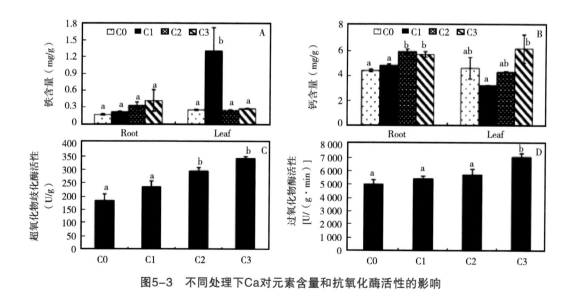

图5-3　不同处理下Ca对元素含量和抗氧化酶活性的影响

不同字母表示处理之间差异显著（$P < 0.05$）。（A）Fe含量；（B）Ca含量；（C）SOD；（D）POD

第二节　硅元素缓解人参铁毒胁迫的机制研究

硅是岩石圈中最丰富的元素之一，通过有效缓解生物和非生物胁迫对植物健康产生积极影响。硅的主要功能是调节植物激素信号转导和合成酶的相互作用，并参与诱导对生物和非生物胁迫的抵抗力。例如，学者们发现充足的硅肥施用可以大大提高水稻产量，缓解非生物胁迫，并通过降低金属离子含量来缓解过量金属胁迫，进而提高水稻品质。此外，硅还可以缓解香蕉盐应激并减少细胞损伤。据报道，植物中的铁胁迫主要表现为植物中过量的铁、氧化还原失衡和活性氧增加。因此，通过土壤施用硅肥，可以减少氧化应激和铁含量来减轻铁毒性对植物的负面影响，并且还可以提高作物产量。

一、植物材料的处理与成分测定

种子经过胚后熟和生理后熟后，挑选人参种子，在23℃的沙中生长两周。选择均匀的人参幼苗并转移到Hoagland营养液中，在10 L塑料盒中制备50 μMFe（II）-EDTA（每盒50株幼苗）。适应一周后，植物在营养液中接受以下处理之一：①50 μM铁（正常对照）；②400 μM铁（铁胁迫）；③400 μM铁和500 μM Si（铁胁迫+Si）；④50 μM铁和500 μM Si（正常对照+Si）；⑤400 μM Fe和12 000 μM K（铁胁迫+K）；⑥50 μM铁和12 000 μM K（正常对照+K）。将营养液的pH值调节至5.5。48 h后收集植物，使用3个独立的生物学重复，每组50个幼苗进行RNA-seq和生理分析。

通过电感耦合等离子体-发射光谱法（美国，ICP-OES，瓦里安710-ES）分析了叶和根的元素（Fe，Si，K）组成。苯丙氨酸氨基裂解酶（PAL）的酶活性测定、多酚氧化酶（PPO）的测定、抗坏血酸过氧化物酶（APX）的活性测定以及总酚（TP）的含量测定按文献报道的方法。使用改良的乙酰溴法测定木质素含量；基于香兰素-8-氨基喹啉荧光的方法测定超氧阴离子。所有实验重复3次。

使用植物RNA试剂盒（美国，Omega Bio-Tech）分离每个样品的总RNA，使用不含RNase的DNase I（NEB）进行处理以去除受污染的基因组DNA。测量RNA纯度、浓度和完整性，每个样品总共使用3 μgRNA作为RNA样品制备的输入材料。测序文库是使用Illumina®培训手册的NEBNext® Ultra™ RNA文库制备试剂盒（美国，NEB）生成的，并添加了索引代码以为每个样品分配序列。在安捷伦生物分析仪2100系统上评估文库质量，并在Illumina HiSeq X-ten平台上对文库制备进行测序。通过删除包含适配器的

reads、包含聚N的reads和原始数据的低质量rcads来获得干净数据。计算了Q30和GC数据的含量，所有下游分析均基于这些高质量数据。

首先，原始reads由内部Perl脚本处理。在此步骤中，通过从原始reads中删除包含适配器的reads、包含未知碱基的reads（>10%）和低质量reads（当raid中低等级碱基的百分比大于50%时）来实现干净reads。同时，计算了干净reads的Q20、Q30、GC含量和序列复制水平。然后使用Tophat2将干净的reads映射到人参参考基因组。仅根据参考基因组对那些完全对应或不充分的reads进行分析和注释。用每百万片段映射的转录本（FPKM）的每千基片段（Fragments Per Kilobase）计算基因表达或转录水平。使用R的DESeq包对人参的两个部分进行差异表达分析。使用Benjamini和Hochberg方法调整所得P值以控制错误发现率（FDR）。经DESeq鉴定的调整P值<0.05，FDR≤0.01和倍数变化（FC）≥2（|log2（fold change）|≥1）的基因被指定为表达差异。基因本体（GO）和京都基因和基因组百科全书（KEGG）富集分析使用DAVID程序（https://david.ncifcrf.gov/）和g：profiler（https://biit.cs.ut.ee/gprofiler/）进行。

二、硅元素缓解人参铁毒胁迫的机制

添加外源Si可以降低在铁胁迫下的人参叶片中Fe含量。在铁胁迫下，人参叶片的铁含量增加，但添加Si后Fe含量显著下降（$P<0.05$），为0.34 mg/kg，而铁胁迫处理的Fe含量为0.71 mg/kg（图5-4A）。然而，正常组和铁胁迫组添加Si后叶片中Si的含量明显高于其他处理（图5-4B）。相反，铁胁迫处理添加Si后的根系中Fe含量增加（$P<0.05$），为0.33 mg/kg，比铁处理高出57.14%（图5-4D）；当添加Si后根系中的Si含量高于铁组（图5-4E）。

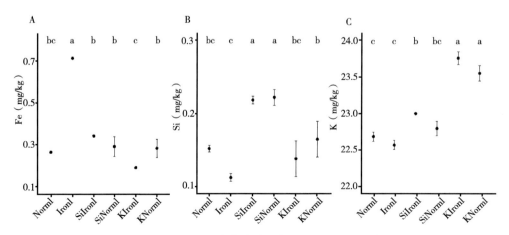

图5-4　不同处理下人参叶片和根系的Fe、Si和K含量

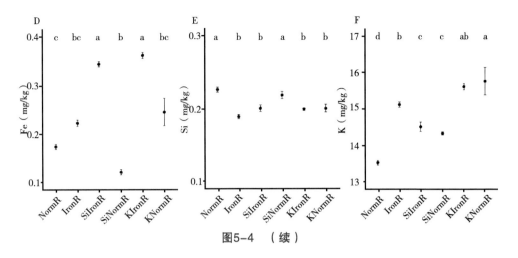

图5-4 （续）

在铁胁迫下添加Si后，人参超氧阴离子（O_2^-）降低，而苯丙氨酸氨基裂解酶（PAL）、多酚氧化酶（PPO）、抗坏血酸过氧化物酶（APX）、总酚（TP）和木质素含量提高（图5-5）。PAL活性因铁胁迫而变化，但施加Si（43.84 U/g）的根部PAL显著高于铁处理（34.81 U/g）（$P<0.05$）（图5-5A）。铁胁迫下和正常处理中补充Si后的PPO含量略高于铁处理和正常对照（图5-5B）。铁处理对叶片中APX活性的影响与PAL相似，但铁胁迫和正常处理添加Si后的APX活性都有所提高（图5-5C），分别为7.97 μmol/min/g和11.56 μmol/min/g。关于叶片O_2^-的积累，要属铁胁迫处理最高（2.92 nmol/g.min），在铁胁迫和正常处理中添加Si后含量显著下降，含量分别为2.40 nmol/g.min和2.66 nmol/g.min（图5-5D）。不同处理对叶片TP含量的影响显著，铁胁迫下添加Si后TP含量为1.25 mg/g，比铁胁迫处理显著高出5.93%（图5-5E）。铁胁迫和正常处理添加Si后的木质素含量

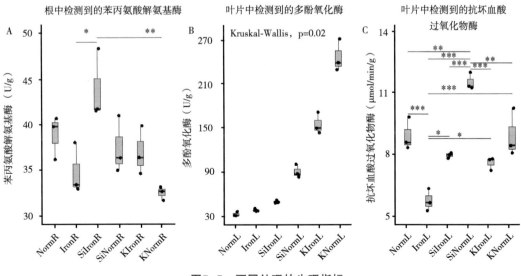

图5-5 不同处理的生理指标

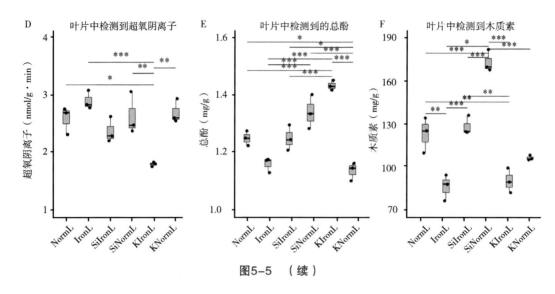

图5-5 （续）

分别为129.09 mg/g和173.93 mg/g，显著高于其他组（$P<0.05$）（图5-5F）。总的来说，施加外源Si后人参主要提高的是叶片中的抗氧化酶活性。

为了进一步验证Si的应用具有缓解人参铁毒性应激的能力，选择了6个与铁转运和信号转导相关的基因家族：WRKY、bHLH、ZRT/IRT样蛋白（ZIP）、乙烯响应因子（ERF）、乙烯响应元件结合蛋白（EREBP）和铁还原氧化酶（FRO）（图5-6）。在铁胁迫下补充Si后，叶片WRKY家族基因的表达量高于铁胁迫处理和正常对照，但根的WRKY基因表达低于铁胁迫处理（图5-6A）。添加Si后的叶片和根中bHLH基因表达水平均低于铁胁迫处理，但均高于正常对照（图5-6B）。同样，铁胁迫下Si处理的叶片和根系ZIP家族基因均高于正常处理，但差异不显著（图5-6C）。铁胁迫下补充Si后在叶片和根系中EREBP和ERF家族基因的表达高于正常或铁处理（图5-6D、E）。Si和K处理的叶片和根系FRO家族基因表达低于正常或铁处理，但两者之间无显著差异（图5-6F）。

铁胁迫下补充Si来缓解人参叶片铁毒胁迫主要通过螯合铁、叶片铁转运至根和提高耐铁性等途径（图5-7）。首先，Si介导WRKY和ZIP转录因子基因的上调。WRKY转录因子家族包括植物特异性转录因子，它们广泛参与植物生物和非生物胁迫反应，生长和发育过程，并在响应高盐度、脱水和黑暗等非生物胁迫方面发挥重要作用。大多数研究表明，WRKY家族对缺铁有反应并上调其表达，使植物吸收更多的铁。然而，本研究发现，在叶片铁胁迫下，通过补充Si使WRKY1的表达上调（图5-7），叶片中的大部分Fe被输送到根部（图5-4）。也有文献支持WRKY基因对Fe应激有反应。因此，无论缺铁/过量条件如何，WRKY家族在调节铁稳态方面都起着重要作用。此外，ZIP家族的一些成员，如IRT1和IRT2，受铁的调节可以运输各种金属，包括锌、铁、锰、镉和钴。本研究中，*ZIP*基因表达通过在叶片中的铁胁迫下添加Si和K而上调（图5-7），同时*WRKY1*和*ZIP*具有显著的正相关（图5-7）。因此，推测它们在将Fe^{2+}从人参叶运输到根部以减轻人参叶中的铁毒性方面发挥协同作用。

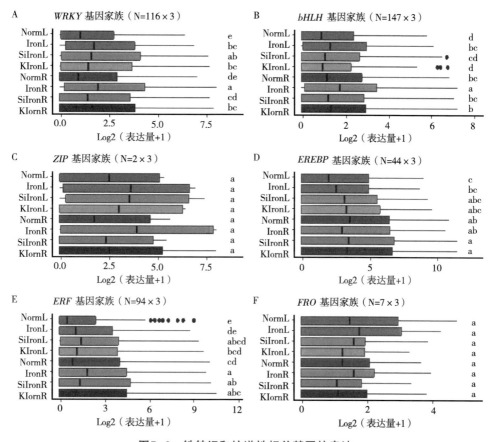

图5-6　铁转运和抗逆性相关基因的表达

通过增加*WRKY*、*bHLH*、*ERF*和*EREBP*的基因表达来调节脱落酸ABA和乙烯ET信号通路中的下游基因，从而增强铁毒的耐受性。*ERF*和*EREBP*是*AP2/EREBP*转录因子超家族中的两个亚家族，可以调节乙烯、ABA等植物激素，以应对干旱、高盐、低温等非生物胁迫反应。它们是ABA和乙烯信号通路的关键调节因子，靶向调节ABA和乙烯诱导下游反应的基因；同样，*WRKY*和*bHLH*可以通过调节植物激素信号转导等途径来介导作物对各种胁迫的反应。Si的加入上调了*EREBP*、*ERF10*、*WRKY1*、*WRKY5*、*bHLH35*、*bHLH128*和*bHLH149*的基因表达水平，结合应激响应顺式作用元件调控依赖性和独立ABA合成基因（*PYL4/PYL9*）和ET基因（*ERF12*和*AP2-like ERT*）的表达，从而增强人参对铁过量的耐受性。

通过补充Si来增加叶片中抗氧化酶（PPO和APX）的活性（图5-5），从而减轻了由铁诱导的芬顿反应而引起的活性氧造成的氧化损伤，这与先前研究者的结果一致。增加PPO和APX活性对清除ROS有重要影响。研究发现植物能够通过合成螯合金属离子以减轻金属毒性的次生代谢物来应对非生物胁迫，学者发现铁是一种过渡金属，与酚类植物次生代谢物形成螯合物和络合物。人参叶片受到胁迫后，可诱导苯丙烷合成途径中相关基因的表达上调。在本研究中，在铁胁迫下向人参叶中添加Si后，苯丙烷合成基因（*CCoAMT*和*PAL*）的表达也上调（图5-8），次生代谢产物TP和木质素的含量也较高（图5-5），说明补充Si可以适度提高人参合成次生代谢产物，并与Fe^{2+}形成螯合物，进而将有毒的Fe^{2+}转化为无毒形式。

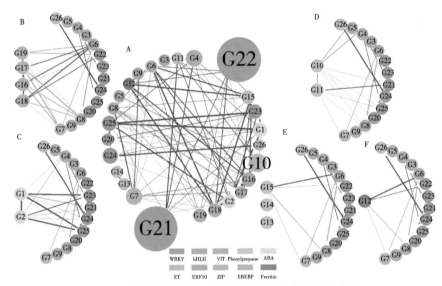

图5-7　与抗非生物胁迫相关的基因的共现网络分析

人参根主要通过以下3种方式缓解铁毒性应激：首先，它们抑制人参根中金属离子转运相关基因的表达，如*ZIP*（图5-8），从而降低根中的铁含量并将其输送到叶片上。其次，抗氧化酶（*PAL*）对植物中的ROS积累具有显著的抑制作用。在本研究中，通过在叶片中添加Si来增强PAL活性（图5-5），从而减轻了铁毒诱导的芬顿反应产生的活性氧引起的氧化损伤。最后，铁蛋白，*VIT*和次级代谢物可以通过储存、转运和螯合等方式将有毒的Fe^{2+}转化为无毒形式。铁蛋白是一种无处不在的铁储存蛋白，可在复合物中储存多达4 000个铁原子。铁蛋白基因引起单精子和双核植物的转录诱导，以响应过量的铁。本研究在人参根铁胁迫下，铁蛋白基因*Ferritin-1*在铁胁迫下上调（图5-8），铁蛋白被鉴定为具有载铁功能的候选分子，这对于维持铁胁迫条件下植物体内的铁稳态很重要。液泡是隔离铁以防止细胞毒性的重要细胞器，液泡铁转运蛋白*VIT*负责将铁固相引入液泡存储铁。研究发现，铁胁迫下人参补充Si后，*VIT*基因上调（图5-8），表明人参根中的部分铁被输送到液泡储存。与叶子一样，我们发现用于合成次生代谢物的基因在根中也显著上调（图5-8）。次生代谢物作为植物中金属离子的主要螯合剂，与Fe^{2+}形成螯合物，进而将有毒的Fe^{2+}转化为无毒形式。

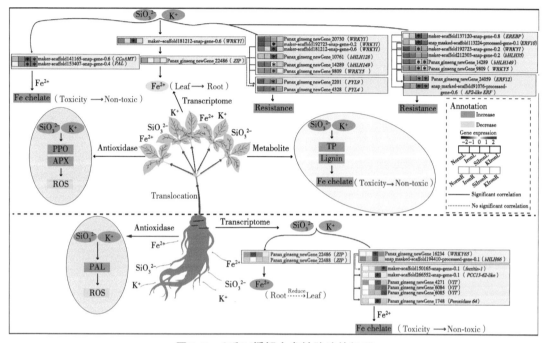

图5-8　Si和K缓解人参铁胁迫的机理

第三节　钾元素缓解人参铁毒胁迫的机制研究

钾是高等植物生长的必需元素，在细胞扩张、气孔运动等的渗透调节中起关键作用。钾还有助于提高植物对各种生物和非生物胁迫抗性，缺钾引起植物体内活性氧积累，从而引起叶片萎黄，显著降低光合作用。施钾可显著增加碳水化合物、脯氨酸、蛋白质和总酚浓度以及抗氧化酶活性。将K^+溶液喷施于受NaCl影响的植物叶片可进一步增强抗坏血酸-谷胱甘肽循环系统抗氧化酶的活性，这可以更好地保护细胞膜免受活性氧的侵害。据报道，植物中的铁毒胁迫主要表现为植物中铁过量，氧化还原失衡和活性氧增加，通过补充钾肥可以减少氧化应激和铁含量来减轻铁毒对植物的负面影响，提高作物产量。

一、植物材料的处理与成分测定

同第五章第二节的材料与方法一致。

二、钾元素缓解人参铁毒胁迫的机制

外源K能够降低人参在铁毒胁迫叶片中的铁含量。人参在铁毒胁迫下叶片的铁含量增加，但添加K后铁含量显著下降（$P < 0.05$），为0.18 mg/kg，比铁毒胁迫处理的铁含量低了74.65%（图5-4A）。然而，铁胁迫下添加K后叶片中的K含量明显高于其他组（图5-4C）；相反，铁胁迫处理添加K后的根系中铁含量增加（$P < 0.05$），为0.36 mg/kg，而铁毒处理则较低，为0.21 mg/kg（图5-4D）。

通过添加K可以提高人参抗氧化酶活性并减少氧化自由基的含量。铁毒胁迫下施加K的人参根部PAL含量为36.97 U/g，而铁处理为34.81 U/g（图5-5A）。在铁毒胁迫和正常铁浓度处理下添加K后，人参叶片PPO活性显著提高（$P < 0.05$），分别为154.76 U/g和246.45 U/g（图5-5B）。铁毒处理对叶片中APX活性有减弱的作用，但铁毒胁迫和正常铁处理随着添加K后酶活性有所增加，为7.60 μmol/min/g和8.94 μmol/min/g（图5-5C）。铁毒胁迫和正常铁处理添加K后$O_2^{\bar{}}$含量减少，它们分别为1.82 nmol/min/g和2.72 nmol/min/g，显著低于铁毒胁迫处理（2.92 nmol/min/g）（图5-5D）。铁毒处理下添加K对叶片TP含量显著高于单独铁毒处理，但正常处理添加K后的TP含量略低于铁毒处理（图5-5E）。铁毒胁迫和正常铁处理补充K后的木质素略高于单独铁毒处理，但低于正常对照（图5-5F）。总体上，人参在铁毒胁迫下添加K主要增加叶片中抗氧化酶活性和代谢物含量。

外源K对人参相关铁转运和抗逆性基因表达的影响要小于Si。在铁毒胁迫补充K处理下，叶片和根中*WRKY*家族基因的表达量高于正常对照，但低于单独铁毒处理（图5-6A）。铁毒胁迫处理添加钾后人参的叶片和根中的*bHLH*基因表达水平均低于单独铁毒处理和正常对照（图5-6B）。当铁毒处理添加K后的叶片和根部*ZIP*家族基因表达均低于单独铁毒胁迫处理，但*ZIP*基因表达在根部表现出高于正常对照（图5-6C）。与补充Si类似，当在铁处理中添加K后的叶片和根系中*EREBP*和*ERF*家族基因的表达高于正常或单独铁毒处理（图5-6D、E）。在铁毒胁迫下施加K后的叶片和根系*FRO*家族基因表达低于正常或单独铁毒处理，但两者之间无显著差异（图5-6F）。

在铁毒胁迫条件下添加K缓解人参铁毒胁迫的作用机制与补充Si的基本一致，具体的是将叶片中过量的铁转运到根部和将铁螯合为无毒的铁螯合物以及提高耐铁毒性，而在根部则是减少铁转运到叶片和将铁螯合成无毒的螯合物。不同的是K处理的大部分人参基因表达水平要比Si处理低。例如，*WRKY1*可调控金属转运离子相关基因表达；转录因子（*bHLH128*、*PYL9*、*PYL4*、*EREBP*、*ERF10*、*WRKY5*）能通过影响细胞内ABA和ET等信号通路，调节抗氧化酶的合成与分解，进而增加抗氧化酶的活性；以及促进螯合铁离子的次生代谢产物合成的基因*WRKY65*、*bHLH66*、*PCC3-62-like*和*Peraxidase64*。综合比较，补充Si要比添加K更能够缓解人参铁毒胁迫。

总之，铁毒胁迫条件下Fe被大量转运到人参的叶片中。添加Si和K后的*WRKY*基因和离子转运相关基因上调，通过调节植物激素信号转导等途径，介导人参对铁毒胁迫的反应并提高铁毒抗性。叶片可以将Fe转运到根部，它还可以通过增加抗氧化酶的活性和增加次生代谢物的合成来螯合Fe并将有毒的Fe转化为无毒形式，从而减少芬顿反应产生的ROS。人参根也通过减少Fe向叶片的传播来缓解铁中毒，但也导致人参根中过多的Fe积累。因此，一方面，人参根通过增加抗氧化酶的活性来缓解铁应激；另一方面，有毒的Fe通过上调铁蛋白，*VIT*和次生代谢物合成基因的表达转化为无毒形式。

第六章

硅、钙、铁等元素的开发和高效利用

第一节　预防人参红皮病的土壤调理剂的研制

众所周知，人参红皮病是人参栽培中的常见生理性病害，该病发生于人参根部，主要会引起人参根周皮出现红褐色斑块，且病斑随着栽培年限的增加逐渐扩大，参根加工干燥之后，红皮部位颜色变暗，向内凹陷，参根扭曲变形，商品等级下降。红皮病在世界范围内都有发生，包括中国、韩国等国家。在吉林省抚松县，红皮病的发病率严重时高达80%~100%，给参农造成了巨大经济损失，严重影响人参种植的经济效益，制约人参产业的可持续发展。

目前关于导致红皮病发生的因素，主要存在以下3种观点：①土壤理化因素（特别是土壤中的铁元素）导致；②微生物因素直接导致；③多种因素共同作用的结果。

目前预防人参红皮病的方法主要有以下几种：①采用传统的选地、整地等方法。如栽参时选择排水良好的土壤；适时整地，早春刨地起垄，经伏天高温日晒；用隔年土，使耕翻土壤经过一冬一夏的休闲，促进土壤熟化；深翻土，黑土拌黄土，改造土体构型，把黑土层下的活黄土翻上来，掺入黑土中，增厚活土层，改善土壤机械组成，提高土壤透水性能；高作床，清沟排涝，控制土壤水分，增强通气透水性能。②采用含铜盐、锌盐或钙盐的水溶液作为药液浸蘸人参苗根部，在参根表面镀上铜离子（或锌离子），阻止铁离子在人参根上的氧化沉积的方法。③吉林农业大学曾研究了一种将粉碎的植物秸秆与白云石粉、草木灰、钙镁磷肥和硝酸钠等碱性肥料混合后制成土壤调理剂，于整地时施于耕层土壤，能够显著降低红皮病的发生率。后来还研究了一种由钙镁磷肥、碳酸氢钠、硼砂、碱式硫酸铜、硅酸钙、硅藻土、凹凸棒黏土粉和水制成蘸根剂，于栽参前将参苗全部根体放入蘸根剂中浸蘸10~20 s，能够显著降低水锈病（即红皮病）的发生率。由于红皮病发生的因素是复杂多变的，它与微生物、土壤生态环境等多种因素有关。以上防治方法大多只是针对某一个因素展开，且均在栽参之前使用，所以防治效果有限。此外，上述现有预防红皮病的方法还存在以下缺陷：采取传统的土壤改良的方法预防人参红皮病，由于降水和土壤水分移动等生态条件难以控制，土壤改良劳动强度大、成本高，在生产上难以实施，防治效果并不理想。用含有铜盐、锌盐或钙盐的药液浸蘸人参苗根部的方法不能有效地阻止铁离子在参根表面的氧化沉积，而且如果铜离子（或锌离子）浓度过高的话还会影响其他营养元素的吸收。吉林农业大学先前研制的土壤调理剂中含有白云石粉，大量应用时必须在整地时做基肥，并与参床土壤混合均匀，易与人参根系接触引起烧苗和烂根。后来改进的蘸根剂虽然在一定程度上避免了烧苗和烂根问题，但这种方法在实践过程中操作繁琐，增大了工作量，况且人参是多年生植物，后期随着参龄（2年以上）增加，受降水和土壤水分移动等因素的影响，蘸根剂的浓度降低，红皮病防治效率和防治效果也随之降低。

本节阐述了一种能预防多因素导致的人参红皮病的综合型土壤调理剂的制备与应用，通过整地时施于耕层土壤，改善人参根际土壤的酸碱环境和微生物环境，预防人参生长过程中，尤其是中长期（2年以上）栽培或连作时红皮病的发生。为实现上述目的，首先提供一种预防人参红皮病的土壤调理剂，该土壤调理剂包含以下组分：

（1）草炭土。含有丰富的氮、磷、钾、钙、锰等多种元素，是一种无毒、无污染的绿色物质，为人参的生长发育提供丰富的营养元素。同时还有利于增加土壤真菌、细菌和放线菌的数量，改善土壤微生物组成。

（2）无机肥。由质量百分比为73%的硝酸钙和27%的硅酸钾组成。硝酸钙，能够为人参生长提供硝态氮肥和钙元素，同时施用硝态氮还有利于提高土壤pH值，降低土壤中铁元素的有效性，钙元素可通过拮抗作用与铁元素竞争，抑制铁的吸收。硅元素能够提高植物的光合作用和根系活性，增强植物的抗逆能力，钾元素也可以提高作物光合作用的强度，促进淀粉和糖的形成，增强抗逆性，同时还能提高作物对氮肥的吸收利用。

（3）贝芬替。多菌灵的有效成分，一种高效、低毒、广谱性杀菌剂，可有效杀灭土壤中的有害菌，常见于水稻、棉花、油菜、甘薯和蔬菜的病虫害防治，通过试验发现，一定剂量的贝芬替对人参红皮病的防治有积极作用。

本研究提供的防治人参红皮病的土壤调理剂的质量百分比如下：①草炭土（含水量2%~6%）45.0%~65.0%；②无机肥34.0%~54.0%；③贝芬替等成分0.8%~1.2%。制作过程为：将贝芬替等用乙醇溶解，然后按配比，将上述配比的草炭土、肥料和贝芬替等成分混合均匀即得到防治人参红皮病的土壤调理剂。

土壤调理剂的使用方法如下：①栽种人参之前，整地时把预防人参红皮病的土壤调理剂作为基肥撒在参床土壤表面，施用后翻耕，使其与参床土壤混合均匀。每平方米使用综合型红皮病防治土壤调理剂1.0~3.0 kg。②栽参2~3年后，在参畦上的植株行间开沟，将土壤调理剂作为追肥均匀地撒于沟内，再培土复原。每平方米使用综合型红皮病防治土壤调理剂1.0~3.0 kg。③栽参期间按常规方法和步骤管理人参。该土壤调理剂是一种针对多种因素导致的红皮病进行综合防治的调理剂，具有以下优点：①该调理剂是一种营养调理剂，无任何毒害作用。它含有丰富的营养物质，具有改善人参土壤营养状况，促进人参根系生长和干物质积累的效果。②该调理剂为多种成分的复合剂，能够有效预防多种因素引起的红皮病，从而达到全面有效防治人参红皮病的效果。该土壤调理剂含有的草炭土和无机肥（硝酸钙、硅酸钾）不仅可以为人参生长提供必需的主要营养元素，增强人参抗逆性，还可以有效防治铁元素引起的红皮病。另外，草炭土和贝芬替可有效改善土壤中的微生物环境，有效防治微生物因素导致的红皮病。③该调理剂生产方法简便，成分稳定，易于长期保存。④施用方法简单，且施用时间不受限制，可做基肥也可做追肥施用，能够随时施用，随时对红皮病进行预防。

第二节　预防人参红皮病的土壤调理剂的应用

为验证土壤调理剂预防人参红皮病的效果，在不同地点的参场中进行对比试验，并统计红皮病病情指数、存苗率和产量。

一、实施例1　土壤调理剂作为基肥的试验效果

试验于吉林省抚松县漫江镇参场进行，参场土壤农化性状：有机质134.10 g/kg，碱解氮480.39 mg/kg，速效磷41.43 mg/kg，速效钾299.83 mg/kg，有效铁含量7.05 g/kg。2011年参场人参红皮病病情指数为0.63。称取下述重量份的原料：草炭土（含水量2%~6%）65%，硝酸钙24.82%，硅酸钾9.18%，贝芬替等成分1.0%。将称取的原料粉碎成细粉，充分混匀制成土壤调理剂。

试验设2个处理。A. 不施用土壤调理剂（CK）；B. 土壤调理剂为2.0 kg/m²，分别设3次重复，每个小区面积10 m²，随机排列。将土壤改良剂于2012年春整地时撒在参床土壤表面，施用后翻耕，使其与参床土壤混合均匀，2012年10月10日移栽，2014年9月15日收获。收获时各处理随机抽取200株调查人参红皮病病情指数、存苗率和产量。其中红

皮病发病指数参考文献报道的方法计算，即病情指数 =（各级发病数 × 各级代表值）/
（调查总数 × 最高级代表值），其中，0级为参根无病斑；1级为病斑面积 < 10%；2级为
病斑面积10% ~ 25%；3级为病斑面积25% ~ 50%；4级为病斑面积 > 50%。

与正常对照组比较，施用土壤调理剂后红皮病发病指数降低46.15%，存苗率增加
21.33%，产量增加15.15%（表6-1）。

表6-1　漫江镇参场施用土壤调理剂对红皮病发病情况、存苗率和产量的影响

处理	红皮病病情指数	存苗率	产量（kg/m²）
A（CK）	0.52	75.0%	2.31
B	0.28	91.0%	2.66

二、实施例2　土壤调理剂作为基肥的试验效果

试验于2012年在吉林省抚松县东岗镇参场进行，参场土壤农化性状：有机质
116.52 g/kg，碱解氮412.06 mg/kg，速效磷52.95 mg/kg，速效钾265.30 mg/kg，有效铁含
量5.68 g/kg。2011年参场人参红皮病病情指数为0.69。称取下述重量份的原料：草炭土
（含水量2% ~ 6%）55%，硝酸钙32.12%，硅酸钾11.88%，贝芬替等成分1.0%。将称取
的原料粉碎成细粉，充分混匀制成土壤调理剂。

试验设2个处理。A. 不施用土壤调理剂（CK）；B. 土壤调理剂为2.0 kg/m²，分别设
3次重复，每个小区面积10 m²，随机排列。将土壤改良剂于2012年春整地时撒在参床土
壤表面，施用后翻耕，使其与参床土壤混合均匀，2012年10月11日移栽，2014年9月16
日收获。收获时各处理随机抽取200株调查人参红皮病病情指数、存苗率和产量。与正
常对照组比较，施用土壤调理剂后红皮病发病指数降低62.50%，存苗率增加29.58%，产
量增加25.99%（表6-2）。

表6-2　东岗镇参场施用土壤调理剂对红皮病发病情况、存苗率和产量的影响

处理	红皮病病情指数	存苗率	产量（kg/m²）
A（CK）	0.56	71.0%	2.27
B	0.21	92.0%	2.86

三、实施例3 土壤调理剂作为基肥的试验效果

试验于2012年在吉林省抚松县万良镇参场进行，参场土壤农化性状：有机质34.37 g/kg，碱解氮565.84 mg/kg，速效磷32.73 mg/kg，速效钾324.99 mg/kg，有效铁含量10.25 g/kg。2011年参场人参红皮病病情指数为0.80。称取下述重量份的原料：草炭土（含水量2%～6%）45%，硝酸钙39.42%，硅酸钾14.58%，贝芬替等成分1.0%。将称取的原料粉碎成细粉，充分混匀制成土壤调理剂。

试验设2个处理。A.不施用土壤调理剂（CK）；B.土壤调理剂为2.0 kg/m²，分别设3次重复，每个小区面积10 m²，随机排列。将土壤改良剂于2013年春整地时撒在参床土壤表面，施用后翻耕，使其与参床土壤混合均匀，2012年10月12日移栽，2014年9月17日收获。收获时各处理随机抽取200株调查人参红皮病病情指数、存苗率和产量。与正常对照组比较，施用土壤调理剂后红皮病发病指数降低54.41%，存苗率增加27.94%，产量增加21.78%（表6-3）。

表6-3　万良镇参场施用土壤调理剂对红皮病发病情况、存苗率和产量的影响

处理	红皮病病情指数	存苗率	产量（kg/m²）
A（CK）	0.68	68.0%	2.25
B	0.31	87.0%	2.74

四、实施例4 土壤调理剂作为基肥和追肥同时使用的试验效果

试验于2012年在吉林省抚松县漫江镇参场进行，参场土壤农化性状：有机质96.88 g/kg，碱解氮293.05 mg/kg，速效磷12.66 mg/kg，速效钾327.75 mg/kg，有效铁含量5.85 g/kg。2011年参场人参红皮病病情指数为0.60。称取下述重量份的原料：草炭土（含水量2%～6%）55%，硝酸钙32.12%，硅酸钾11.88%，贝芬替等成分1.0%。将称取的原料粉碎成细粉，充分混匀制成土壤调理剂。

试验设3个处理。A.不施用土壤调理剂（CK）；B.将土壤调理剂作为基肥施加1次，为2.0 kg/m²；C.将土壤调理剂作为基肥施加1次，2年后作为追肥再施加1次，每次均为1.5 kg/m²。分别设3次重复，每个小区面积10 m²，随机排列。将土壤改良剂于2012

年春整地时撒在参床土壤表面,施用后翻耕,使其与参床土壤混合均匀,2012年10月13日移栽,2014年7月在需要施加调理剂的参畦上植株行间开沟,将土壤调理剂均匀地撒于沟内,再培土复原。2015年9月14日收获。收获时各处理随机抽取200株调查人参红皮病病情指数、存苗率和产量。与正常对照组比较,施用土壤调理剂2次后红皮病发病指数降低56.90%,存苗率增加33.82%,产量增加26.41%;与施用土壤调理剂1次相比,施用土壤调理剂2次后红皮病发病指数降低19.35%,存苗率增加2.25%,产量增加1.04%(表6-4)。

表6-4 漫江镇参场施用土壤调理剂对红皮病发病情况、存苗率和产量的影响

处理	红皮病病情指数	存苗率	产量(kg/m²)
A(CK)	0.58	68.0%	2.31
B	0.31	89.0%	2.89
C	0.25	91.0%	2.92

五、实施例5 土壤调理剂作为基肥和追肥同时使用的试验效果

试验于2012年在吉林省抚松县万良镇参场进行,参场土壤农化性状:有机质103.25 g/kg,碱解氮247.22 mg/kg,速效磷47.44 mg/kg,速效钾169.45 mg/kg,有效铁含量3.84 g/kg。2011年参场人参红皮病病情指数为0.58。称取下述重量份的原料:草炭土(含水量2%~6%)55%,硝酸钙32.12%,硅酸钾11.88%,贝芬替等成分1.0%。将称取的原料粉碎成细粉,充分混匀制成土壤调理剂。

试验设3个处理。A.不施用土壤调理剂(CK);B.将土壤调理剂作为基肥施加1次,为2.0 kg/m²;C.将土壤调理剂作为基肥施加1次,栽参2年后作为追肥再施加1次,每次均为1.5 kg/m²。分别设3次重复,每个小区面积10 m²,随机排列。将土壤改良剂于2012年春整地时撒在参床土壤表面,施用后翻耕,使其与参床土壤混合均匀,2012年10月14日移栽,2014年7月在需要施加调理剂的参畦上植株行间开沟,将土壤调理剂均匀地撒于沟内,再培土复原。2015年9月15日收获。收获时各处理随机抽取200株调查人参红皮病病情指数、存苗率和产量。与正常对照组比较,施用土壤调理剂2次后红皮病发病指数降低60.71%,存苗率增加28.57%,产量增加22.32%;与施用土壤调理剂1次相比,施用土壤调理剂2次后红皮病发病指数降低31.25%,存苗率增加2.27%,产量增加2.52%(表6-5)。

表6-5　万良镇参场施用土壤调理剂对红皮病发病情况、存苗率和产量的影响

处理	红皮病病情指数	存苗率	产量（kg/m²）
A（CK）	0.56	70.0%	2.33
B	0.32	88.0%	2.78
C	0.22	90.0%	2.85

第三节　提高人参、西洋参品质的营养调理剂的制备与应用

一、提高人参、西洋参品质的营养调理剂的制备

在人参、西洋参生长过程中，土壤铁过量会对植物产生毒害作用，土壤中过量铁的累积会诱发人参红皮病等病害。试验发现，当土壤中的Fe^{2+}的添加量达到22.4 mg/kg时，会抑制人参、西洋参的生长，但能促进人参、西洋参中皂苷的合成，施加有益元素硅能够缓解过量铁对人参、西洋参的毒害作用，同时能够促进人参、西洋参的生长及皂苷合成，且大量元素的添加可以进一步缓解铁的毒害作用，并为人参和西洋参的生长提供必要的营养元素从而进一步促进皂苷的合成，并利于干物质的积累；皂苷被认为是人参、西洋参中重要的生物活性物质，是衡量人参、西洋参品质的关键指标，提高皂苷含量是人参、西洋参栽培中的重要目标。目前的研究发现在一定的温度范围内，温度越低越有利于人参皂苷的积累。由于田间温度（特别是低温条件）不容易控制，所以要靠施用肥料来提高皂苷含量。然而，目前使用肥料提高皂苷含量的效果不明显。试验表明，施加亚铁盐和硅酸盐的质量比过高时，过量的亚铁离子会在人参、西洋参体内累积，通过芬顿反应产生多种有毒自由基，对人参或者西洋参造成毒害作用，进而会抑制人参或者西洋参的生长；当亚铁盐和硅酸盐的质量比过低时，则会造成植物缺铁，影响植物叶绿素合成和光合作用，进而抑制人参或西洋参的生长。相对于其他能够提供铁元素的原料，亚铁盐的优势在于有效性高，容易被植物吸收；相对于其他能够提供硅元素的原料，硅酸盐的优势在于它是水溶性硅肥，可以被植物直接吸收，吸收利用率高。

本节阐述了一种提高人参、西洋参品质的营养调理剂的制备与应用，该营养调理剂中通过铁与硅的相互配合，使其利于人参或者西洋参中皂苷的合成，且该营养调理剂适于在田间使用。本营养调理剂在常温条件下可以使用，适于在田间操作，可以改善土壤

营养状况，促进人参或者西洋参生长发育和皂苷合成，利于大规模生产。在本研究中，利用合适质量比的亚铁盐和硅酸盐相互配合，利用逆境胁迫（铁毒胁迫）来促进皂苷的合成，进而利用逆境缓解（配合营养元素缓解铁毒）来保证人参、西洋参的正常生长发育，从而使得人参或者西洋参中皂苷含量较高。

二、提高人参、西洋参品质的营养调理剂的应用

所有试验选择在吉林省抚松县抽水乡参场进行，参场土壤农化性状：有机质97.02 g/kg，铵态氮20.12 mg/kg，硝态氮115.99 mg/kg，速效磷37.44 mg/kg，速效钾277.46 mg/kg，铁含量3.53 g/kg。

（一）实施例1

本试验例共设置2个处理A1和B1，A1为未施用营养调理剂的小区作为对照（CK）；B1营养调理剂（硫酸亚铁3%、硝酸钙22%、硝酸钾20%、磷酸铵20%、硫酸镁4%、硅酸钠8%、硼酸0.2%、硫酸锰0.4%、硫酸锌0.1%以及草炭土22.3%，其中硫酸亚铁和硅酸钠的质量比为0.375∶1）的施用量为0.5 kg/m²，A1处理和B1处理分别设置3个小区，每个小区面积10 m²，各个小区随机排列，每个小区随机种植人参和西洋参。选取生长3年的人参和西洋参，于开花期前期将营养调理剂施入根际，继续种植1年后收获，进行产量和皂苷（以Rg_1、Re和Rb_1 3个指标代表皂苷的合成状况）含量测定分析，分析结果见表6-6。

表6-6　A1和B1人参、西洋参产量和皂苷含量测定分析

处理	人参				西洋参			
	产量（kg/m²）	Rg_1（g/kg）	Re（g/kg）	Rb_1（g/kg）	产量（kg/m²）	Rg_1（g/kg）	Re（g/kg）	Rb_1（g/kg）
A1	2.41	2.52	2.93	2.03	1.92	1.72	8.80	20.92
B1	2.61	3.24	3.50	2.71	2.15	2.01	10.24	24.58

与不施加营养调理剂相比，施用营养调理剂后，人参产量增加8.30%，单体皂苷Rg_1、Re和Rb_1含量分别增加28.57%、19.45%和33.50%；西洋参产量增加11.98%，单体皂苷Rg_1、Re和Rb_1含量分别增加16.86%、16.36%和17.50%。

（二）实施例2

本试验例共设置2个处理A2和B2，A2未施用营养调理剂的小区作为对照（CK）；B2营养调理剂（硫酸亚铁4%、硝酸钙23%、硝酸钾21%、磷酸铵22%、硫酸镁6%、硅酸钠7%、硼酸0.22%、硫酸锰0.5%、硫酸锌0.15%以及草炭土16.13%，其中硫酸亚铁和硅酸钠的质量比为0.57∶1）的施用量为0.5 kg/m²，A2处理和B2处理分别设置3个小区，每个小区面积10 m²，各个小区随机排列，每个小区随机种植人参和西洋参。选取生长3年的人参、西洋参于开花期前期施入根际，继续种植1年后收获，进行产量和皂苷（以Rg_1、Re和Rb_1 3个指标代表皂苷的合成状况）含量测定分析，分析结果见表6-7。

表6-7　A2和B2人参、西洋参产量和皂苷含量测定分析

处理	人参				西洋参			
	产量（kg/m²）	Rg_1（g/kg）	Re（g/kg）	Rb_1（g/kg）	产量（kg/m²）	Rg_1（g/kg）	Re（g/kg）	Rb_1（g/kg）
A2	2.38	2.42	2.84	2.13	1.82	1.62	8.50	21.16
B2	2.81	3.27	3.51	3.02	2.25	2.04	10.26	26.57

与不施加营养调理剂相比，施用营养调理剂后，人参产量增加18.07%，单体皂苷Rg_1、Re和Rb_1含量分别增加35.12%、23.59%和41.78%；西洋参产量增加23.63%，单体皂苷Rg_1、Re和Rb_1含量分别增加25.93%、20.71%和25.57%。

（三）实施例3

本试验例共设置2个处理A3和B3，A3未施用营养调理剂的小区作为对照（CK）；B3营养调理剂（硫酸亚铁5%、硝酸钙24%、硝酸钾22%、磷酸铵25%、硫酸镁8%、硅酸钠6%、硼酸0.25%、硫酸锰0.6%、硫酸锌0.2%以及草炭土8.95%，其中硫酸亚铁和硅酸钠的质量比为0.833∶1）的施用量为0.5 kg/m²，A3处理和B3处理分别设置3个小区，每个小区面积10 m²，各个小区随机排列，每个小区随机种植人参和西洋参。选取生长3年的人参、西洋参于开花期前期施入根际，继续种植1年后收获，进行产量和皂苷（以Rg_1、Re和Rb_1 3个指标代表皂苷的合成状况）含量测定分析，分析结果见表6-8。

与不施加营养调理剂相比，施用营养调理剂后，人参产量增加13.39%，单体皂苷Rg_1、Re和Rb_1含量分别增加22.48%、17.88%和30.05%；西洋参产量增加14.85%，单体皂苷Rg_1、Re和Rb_1含量分别增加21.43%、12.78%和13.71%。

表6-8　A3和B3人参、西洋参产量和皂苷含量测定分析

处理	人参				西洋参			
	产量（kg/m²）	Rg₁（g/kg）	Re（g/kg）	Rb₁（g/kg）	产量（kg/m²）	Rg₁（g/kg）	Re（g/kg）	Rb₁（g/kg）
A3	2.39	2.58	3.02	1.93	2.02	1.82	9.08	20.72
B3	2.71	3.16	3.56	2.51	2.32	2.21	10.24	23.56

（四）实施例4

本试验例共设置2个处理A4和B4，A4未施用复合肥料的小区作为对照（CK）；B4营养调理剂（硫酸亚铁4%、硝酸钙23%、硝酸钾21%、磷酸铵22%、硫酸镁6%、硅酸钾7%、硼酸0.22%、硫酸锰0.5%、硫酸锌0.15%以及草炭土16.13%，其中硫酸亚铁和硅酸钠的质量比为0.57∶1）的施用量为0.5 kg/m²，A4处理和B4处理分别设置3个小区，每个小区面积10 m²，随机排列。选取生长3年的人参、西洋参于开花期前期施入根际，继续种植1年后收获，进行产量和皂苷（以Rg₁、Re和Rb₁ 3个指标代表皂苷的合成状况）含量测定分析，分析结果见表6-9。

表6-9　A4和B4人参、西洋参产量和皂苷含量测定分析

处理	人参				西洋参			
	产量（kg/m²）	Rg₁（g/kg）	Re（g/kg）	Rb₁（g/kg）	产量（kg/m²）	Rg₁（g/kg）	Re（g/kg）	Rb₁（g/kg）
A4	2.35	2.45	2.95	2.20	1.98	1.67	8.66	21.23
B4	2.84	3.28	3.50	3.10	2.46	2.07	10.17	26.37

与不施加营养调理剂相比，施用营养调理剂后，人参产量增加20.85%，单体皂苷Rg₁、Re和Rb₁含量分别增加33.88%、18.64%和40.91%；西洋参产量增加24.24%，单体皂苷Rg₁、Re和Rb₁含量分别增加23.95%、17.44%和24.21%。

（五）实施例5

本试验例共设置2个处理A5和B5，A5未施用营养调理剂的小区作为对照（CK）；B5营养调理剂（硫酸亚铁3%、硝酸钙23%、硝酸钾21%、磷酸铵22%、硫酸镁6%、硅酸钠8%、硼酸0.22%、硫酸锰0.5%、硫酸锌0.15%以及草炭土16.13%，其中硫酸亚铁

和硅酸钠的质量比为0.375∶1）的施用量为0.5 kg/m²，A5处理和B5处理分别设置3个小区，每个小区面积10 m²，各个小区随机排列，每个小区随机种植人参和西洋参。选取生长3年的人参、西洋参于开花期前期施入根际，继续种植1年后收获，进行产量和皂苷（以Rg₁、Re和Rb₁ 3个指标代表皂苷的合成状况）含量测定分析，分析结果见表6-10。

表6-10　A5和B5人参、西洋参产量和皂苷含量测定分析

处理	人参				西洋参			
	产量（kg/m²）	Rg₁（g/kg）	Re（g/kg）	Rb₁（g/kg）	产量（kg/m²）	Rg₁（g/kg）	Re（g/kg）	Rb₁（g/kg）
A5	2.35	2.53	2.95	2.02	1.90	1.69	8.83	20.89
B5	2.62	3.26	3.55	2.73	2.17	2.04	10.28	24.63

与不施加营养调理剂相比，施用营养调理剂后，人参产量增加9.62%，单体皂苷Rg₁、Re和Rb₁含量分别增加28.85%、20.34%和35.15%；西洋参产量增加14.21%，单体皂苷Rg₁、Re和Rb₁含量分别增加20.71%、16.42%和17.90%。

（六）实施例6

本试验例共设置2个处理A6和B6，A6未施用营养调理剂的小区作为对照（CK）；B6营养调理剂（硫酸亚铁5%、硝酸钙23%、硝酸钾21%、磷酸铵22%、硫酸镁6%、硅酸钠6%、硼酸0.22%、硫酸锰0.5%、硫酸锌0.15%以及草炭土16.13%，其中硫酸亚铁和硅酸钠的质量比为0.833∶1）的施用量为0.5 kg/m²，A6处理和B6处理分别设置3个小区，每个小区面积10 m²，各个小区随机排列，每个小区随机种植人参和西洋参。选取生长3年的人参、西洋参于开花期前期施入根际，继续种植1年后收获，进行产量和皂苷（以Rg₁、Re和Rb₁ 3个指标代表皂苷的合成状况）含量测定分析，分析结果见表6-11。

表6-11　A6和B6人参、西洋参产量和皂苷含量测定分析

处理	人参				西洋参			
	产量（kg/m²）	Rg₁（g/kg）	Re（g/kg）	Rb₁（g/kg）	产量（kg/m²）	Rg₁（g/kg）	Re（g/kg）	Rb₁（g/kg）
A6	2.43	2.52	3.32	2.23	2.25	1.87	9.15	20.32
B6	2.79	3.15	3.96	2.94	2.63	2.32	10.38	24.51

与不施加营养调理剂相比，施用营养调理剂后，人参产量增加14.81%，单体皂苷

Rg_1、Re和Rb_1含量分别增加25%、19.28%和31.84%；西洋参产量增加16.89%，单体皂苷Rg_1、Re和Rb_1含量分别增加24.06%、13.44%和20.62%。

（七）实施例7

本试验例共设置2个处理A7和B7，A7未施用营养调理剂的小区作为对照（CK）；B7营养调理剂（硫酸亚铁2%、硝酸钙23%、硝酸钾21%、磷酸铵22%、硫酸镁6%、硅酸钠9%、硼酸0.22%、硫酸锰0.5%、硫酸锌0.15%以及草炭土16.13%，其中硫酸亚铁和硅酸钠的质量比为0.57∶1）的施用量为0.5 kg/m²，A7处理和B7处理分别设置3个小区，每个小区面积10 m²，各个小区随机排列，每个小区随机种植人参和西洋参。选取生长3年的人参、西洋参于开花期前期施入根际，继续种植1年后收获，进行产量和皂苷（以Rg_1、Re和Rb_1 3个指标代表皂苷的合成状况）含量测定分析，分析结果见表6-12。

表6-12　A7和B7人参、西洋参产量和皂苷含量测定分析

处理	人参				西洋参			
	产量（kg/m²）	Rg_1（g/kg）	Re（g/kg）	Rb_1（g/kg）	产量（kg/m²）	Rg_1（g/kg）	Re（g/kg）	Rb_1（g/kg）
A7	2.49	2.58	2.99	2.00	1.96	1.77	8.88	21.77
B7	2.66	3.27	3.57	2.63	2.19	2.08	10.29	24.47

与不施加营养调理剂相比，施用营养调理剂后，人参产量增加6.83%，单体皂苷Rg_1、Re和Rb_1含量分别增加26.74%、19.40%和31.50%；西洋参产量增加11.73%，单体皂苷Rg_1、Re和Rb_1含量分别增加17.51%、15.88%和12.40%。

（八）实施例8

本试验例共设置2个处理A8和B8，A8未施用营养调理剂的小区作为对照（CK）；B8的营养调理剂（硫酸亚铁6%、硝酸钙23%、硝酸钾21%、磷酸铵22%、硫酸镁6%、硅酸钠4%、硼酸0.22%、硫酸锰0.5%、硫酸锌0.15%以及草炭土16.13%，其中硫酸亚铁和硅酸钠的质量比为1.5∶1）的施用量为0.5 kg/m²，A8处理和B8处理分别设置3个小区，每个小区面积10 m²，各个小区随机排列，每个小区随机种植人参和西洋参。选取生长3年的人参、西洋参于开花期前期施入根际，继续种植1年后收获，进行产量和皂苷（以Rg_1、Re和Rb_1 3个指标代表皂苷的合成状况）含量测定分析，分析结果见表6-13。

表6-13　A8和B8人参、西洋参产量和皂苷含量测定分析

处理	人参				西洋参			
	产量（kg/m²）	Rg_1（g/kg）	Re（g/kg）	Rb_1（g/kg）	产量（kg/m²）	Rg_1（g/kg）	Re（g/kg）	Rb_1（g/kg）
A8	2.46	2.53	3.30	2.21	2.27	1.89	9.11	20.29
B8	2.74	3.12	3.90	2.89	2.60	2.27	10.31	24.41

　　与不施加营养调理剂相比，施用营养调理剂后，人参产量增加11.38%，单体皂苷 Rg_1、Re和 Rb_1 含量分别增加23.32%、18.18%和30.77%；西洋参产量增加14.54%，单体皂苷 Rg_1、Re和 Rb_1 含量分别增加20.11%、13.17%和20.31%。

第七章

人参土壤微生物菌株筛选及其应用

随着人们生活水平的提高及保健意识的增强，对人参的需求量日益增加。然而，由于人参种植条件苛刻及连作障碍等原因，导致可种植人参的土地资源有限。在种植过程中，病害的发生往往导致人参大量减产。因此，在种植过程中，会施用大量的农药，结果造成大量的农药残留，同时土壤环境遭到破坏。因此探索其他防治方法成为目前研究的热点。当前已经有生防菌在多种作物上应用的研究报道，生防菌是一类可以拮抗植物病原菌的环境友好型菌株。因此，开发和利用生防菌剂将会对人参病害防治有重要意义。

木霉属（*Trichoderma* spp.）真菌在全球广泛分布，其物种丰富，主要存在于森林、沟坡、农田、草地等潮湿的生境中，因其生境广泛、对营养条件要求不严格，易在人工条件下被分离、培养，并对多种植物病原菌表现出拮抗作用等特点，被认为是一种理想的生防微生物。目前，国际上已有50余种木霉生防制剂或菌肥产品注册登记，并进行商业化生产，被广泛应用于各种植物真菌病害的防治，在农业生产中发挥着重要作用。木霉生防机制包括重寄生、抗生和竞争作用。木霉在重寄生于寄主真菌时，寄主真菌细胞表面的特定外源凝集素决定了木霉与真菌之间的转化关系，有研究表明在移除寄生菌丝后，病原菌菌丝上存在溶解位点和穿刺孔。而抗生作用是指木霉在代谢过程中产生抗生素和一些酶类化学物质，这些物质可以毒害植物病原真菌。竞争作用是指木霉与病原菌争夺生长空间和营养，在恶劣环境下木霉相对于其他病原菌的适应性更强。另外，一些木霉菌除了拮抗作用外还具有促生作用，有研究表明从土壤中分离得到的有益微生物菌哈茨木霉、钩状木霉、黑附球菌、多孢木霉、球毛壳菌能有效防治人参主要病害并对人参有促生作用。

因此，本章阐述了从人参根区土壤中筛选出具有拮抗人参病原真菌的菌株，并将该菌株应用到人参种植过程中，观察人参的生长状况，并对人参根际土壤区系微生物群落结构方面的变化进行分析，以期为人参微生物菌剂的开发与应用提供理论基础。

第一节　微生物菌株的筛选鉴定及其对人参致病菌的拮抗作用

一、微生物菌株的筛选

采用稀释涂布平板法，取10 g人参根际土加入盛有90 mL无菌水的锥形瓶中，于150 r/min摇床上振荡30 min，从锥形瓶中吸取1 mL混合均匀的土壤悬浊液，用无菌水进行梯度稀释，分别从10^{-3}、10^{-4}、10^{-5} 3个梯度中吸取200 μL加到PDA培养基平板上涂布均匀，将平板放于25℃培养3 d，挑取平板上的木霉单菌落菌丝转接到PDA培养基上进行纯化，纯化菌株于4℃保存。

选择5种人参主要病害的致病菌：人参黑斑病菌（*Alternaria panax*）、人参菌核病菌（*Sclerotinia schinseng*）、人参炭疽病菌（*Colletotrichum panacicola*）、人参锈腐病菌（*Ilyonectria robusta*）、人参根腐病菌（*Fusarium oxysporum*），以上5种菌株均由中国农业科学院特产研究所药用植物栽培团队提供。将保存的木霉菌和病原菌菌株分别转接到PDA平板上，于25℃黑暗条件下恒温培养7 d后，用5 mm打孔器在菌落边缘打取菌饼。采用两点对峙平板培养法，分别放置于PDA平板的对称两边，菌饼间距3 cm，只接种病原菌为对照（CK），每处理重复3次，接种后置于25℃恒温培养箱培养7 d，观察测量菌落的直径。抑制率计算公式如下：抑菌率（%）=（对照菌落半径-处理菌落半径）/对照菌落半径×100%。

二、拮抗微生物菌株的鉴定

（一）菌株MM3的形态特征及鉴定

该菌株在PDA培养基上培养3 d后，菌落形态为圆形，白色菌丝均匀地平铺在培养基上，呈环状向四周扩散，7 d长满整个培养皿，菌落直径为8.5 cm，分生孢子产于浅绿色的产孢簇，呈同心轮纹状分布或者聚集于菌落边缘，无特殊气味，有时在菌落边缘产生浅黄色小液滴。菌落正面初期白色，后期呈浅绿色，并且有部分气生菌丝；背面白色，无色素渗入。菌丝存在分枝结构，分生孢子梗分枝多对生，少数单生或轮生；长度可达62 μm。初级分枝离主轴越远则越长，主轴顶端生有明显的不育延长丝，略弯，不育延长丝还可再分枝，延长丝顶部有钩状或锯齿状的弯曲，产孢瓶体为安瓿形，顶弯生，瓶体基部收缩明显，3～5轮生，少数单生，稀疏不规则着生于孢子梗上。分生孢子绿色，椭球形或卵形，内生核。分生孢子直径为（3.1～4.2）μm×（2.3～2.8）μm。

利用引物ITS4和ITS5，以菌株MM3基因组DNA为模板进行PCR扩增，将扩增产物送至库美生物有限公司进行测序得到rDNA-ITS序列为：AAGTAAAAGTCGTAACAAG GTCTCCGTTGGTGAACCAGCGGAGGGATCATTACCGAGTTTACAACTCCCAAACCC AATGTGAACGTTACCAAACTGTTGCCTCGGCGGGGTCACGCCCCGGGTGCGTAAA AGCCCCGGAACCAGGCGCCCGCCGGAGGAACCAACCAAACTCTTTCTGTAGTCCC CTCGCGGACGTATTTCTTACAGCTCTGAGCAAAAATTCAAAATGAATCAAAACTTT CAACAACGGATCTCTTGGTTCTGGCATCGATGAAGAACGCAGCGAAATGCGATAAG TAATGTGAATTGCAGAATTCAGTGAATCATCGAATCTTTGAACGCACATTGCGCCCG CCAGTATTCTGGCGGGCATGCCTGTCCGAGCGTCATTTCAACCCTCGAACCCCTCC GGGGGATCGGCGTTGGGGATCGGGACCCCTCACCGGGTGCCGGCCCTGAAATACA GTGGCGGTCTCGCCGCAGCCTCTCCTGCGCAGTAGTTTGCACAACTCGCACCGGG AGCGCGGCGCGTCCACGTCCGTAAAACACCCAACTTCTGAAATGTTGACCTCGGAT CAGGTAGGAATACCCGCTGAACTTAAGCATATCAATAAGCGGAGG。将菌株的ITS序列输入NCBI进行比对，应用BLAST和DNAMAN等软件进行分析，能在GenBank中找到同源性非常高的相近菌株序列。通过rDNA-ITS序列长度为621 bp，与MM3菌株相似性最高的是*Trichoderma hamatum*，同源性达到100%。根据MEGA6.06软件以UPGMA法构建系统发育树发现，MM3与*Trichoderma hamatum*同属一个遗传分支，亲缘关系十分接近，亲源性达到100%。结合形态学分类和分子生物学鉴定结果，可以确认菌株MM3为钩状木霉（*Trichoderma hamatum*）。

（二）菌株 Tri401 的形态特征、鉴定及拮抗作用

该菌株在PDA平板培养7 d后，菌落直径约为90 mm，白色的气生菌丝稀薄，菌落有1～2个环纹出现，初为白色，后逐渐变成黄色，菌落边缘呈绿色。产生稀薄的分生孢子簇，外观绒毛状。分生孢子多为簇生，椭圆形，黄色，直径（3～4.2）μm×（1.5～2.6）μm；分生孢子梗多为对生，顶端分支呈锐角或直角，在顶端直接产生尖锐状瓶梗。根据菌株Tri401的培养特性和形态特征，初步判断筛选出的菌株为毛簇木霉*Trichoderma velutinum*。

通过通用引物ITS4/ITS5对分离出的菌株的rDNAITS序列进行了测序分析。经测序可知，该菌株的rDNA-ITS序列长度为589 bp，序列如下所示：

CGGAGGGATCATTACCGAGTTTACAACTCCCAAACCCAATGTGAACGTTACCA AACTGTTGCCTCGGCGGGATCTTCTGCCCCGGGTGCGTCGCAGCCCCGGACCAAG GCGCCCGCCGGAGGAATCAACCAAAACTCTTATTGTATACCCCCTCGCGGGTTTTT TTATAATCTGAGCCTTCTCGGCGCCTCTCGTAGGCGTTTCGAAAATGAATCAAAACT TTCAACAACGGATCTCTTGGTTCTGGCATCGATGAAGAACGCAGCGAAATGCGATA AGTAATGTGAATTGCAGAATTCAGTGAATCATCGAATCTTTGAACGCACATTGCGC CCGCCAGTATTCTGGCGGGCATGCCTGTCCGAGCGTCATTTCAACCCTCGAACCCC TCCGGGGGGTCGGCGTTGGGGATCGGCCCTCCTCTTGCGGGGGCCGTCTCCGAAA TACAGTGGCGGTCTCGCCGCAGCCTCTCCTGCGCAGTAGTTTGCACACTCGCATCG GGAGCGCGGCGCGTCCACAGCCGTTAAACACCCAACTTCTGAAATGTTGACCTCG GATCAGGTAGGAATACCCGCTGAACTTAAGCATA。进一步应用BLAST和DNAMAN 等软件进行序列分析，将分离出的菌株的ITS序列通过BLAST比对，能在GenBank中找到同源性非常高的相近菌株序列。与Tri401菌株相似性最高的是*T.velutinum*，同源性达到100%。根据MEGA6.06软件以UPGMA法构建系统发育树（图7-1）发现，Tri401与*T.velutinum*同属一个遗传分支，亲缘关系十分接近。结合形态学分类和分子生物学鉴定结果，可以确认本发明的菌株Tri401为毛簇木霉。

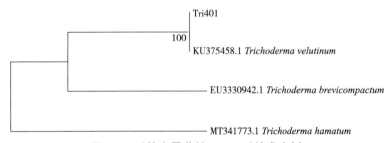

图7-1　毛簇木霉菌株Tri401系统发育树

对峙培养结果参照图7-2所示，对照组和对峙组均为培养7 d的试验图片，对照组病原菌生长较快，而对峙培养中的木霉菌丝迅速占领生长空间，对峙培养3 d即可观察到对病原菌的拮抗作用，病原菌的生长明显受限；7 d后木霉菌将病原菌包围，占据整个培养皿，使病原菌几乎不再生长。在平板对峙培养过程中，菌株Tri401对人参菌核病菌（*S.schinseng*）、人参锈腐病菌（*I.robusta*）、人参根腐病菌（*F.oxysporum*）、人参炭疽病菌（*C.panacicola*）、人参黑斑病菌（*A.panax*）的抑菌率分别为87.89%、89.73%、87.80%、90.35%、84.91%。

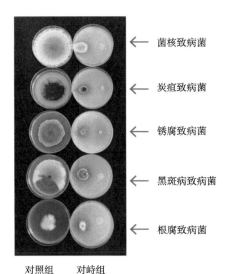

对照组　　对峙组

图7-2　毛簇木霉Tri401与人参致病菌对峙培养结果

（三）菌株 Tri403 的形态特征、鉴定及拮抗作用

该菌在PDA培养基上5 d能够覆盖整个培养皿，白色的气生菌丝茂盛。菌丝放射松散状生长，菌落边缘气生菌丝逐渐变厚，呈绒毛状，未见扩散色素。分生孢子梗锥形，侧枝与主轴接近90度，分生孢子梗顶端产生梨形瓶梗；分生孢子绿色，椭圆形或卵圆形，簇生，在培养皿边缘随机产生分生孢子堆。直径（3.2～3.9）μm×（4.5～5.1）μm；厚垣孢子近似圆形，直径（9.5～10.8）μm×（10～11.5）μm。根据菌株Tri403的培养特性和形态特征，初步确定该菌株为渐绿木霉*Trichoderma viridescens*。

设计引物对分离出的菌株的rDNA-ITS序列进行了测序分析。经测序可知，该菌株的rDNA-ITS序列长度为596 bp，序列如下所示：ACAAGGTCTCCGTTGGTGAACCAGCGGAGGGATCATTACCGAGTTTACAACTCCCAAACCCAATGTGAACCATACCAAACTGTTGCCTCGGCGGGGTCACGCCCCGGGTGCGTCGCAGCCCCGGAACCAGGCGCCCGCCGGAGGGACCAACCAAACTCTTTCTGTAGTCCCCTCGCGGACGTTATTTCTTACAGCTCTGAGCAAAAATTCAAAATGAATCAAAACTTTCAACAACGGATCTCTTGGTTCTGGCATCGATGAAGAACGCAGCGAAATGCGATAAGTAATGTGAATTGCAGAATTCAGTGAATCATCGAATCTTTGAACGCACATTGCGCCCGCCAGTATTCTGGCGGGCATGCCTGTCCGAGCGTCATTTCAACCCTCGAACCCCTCCGGGGGTCCGGCGTTGGGGATCGGGAACCCCTAAGACGGGATCCCGGCCCCGAAATACAGTGGCGGTCTCGCCGCAGCCTCTCCTGCGCAGTAGTTTGCACAACTCGCACCGGGAGCGCGGCGCGTCCACGTCCGTAAAACACCCAACTTCTGAAATGTTGACCTCGGATCAGGTAGGAATACCC

GCTGAACTTAAGCAT。进一步应用BLAST和DNAMAN等软件进行序列分析，将分离出的菌株的ITS序列通过BLAST比对，能在GenBank中找到同源性非常高的相近菌株序列。与Tri403菌株相似性最高的是*T.viridescens*，同源性达到99%。根据MEGA6.06软件以UPGMA法构建系统发育树（图7-3）发现，Tri403与*T.viridescens*同属一个遗传分支，亲缘关系十分接近。结合形态学分类和分子生物学鉴定结果，可以确认本发明的菌株Tri403为渐绿木霉。

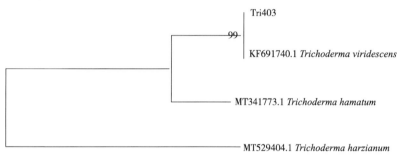

图7-3 渐绿木霉菌株Tri403系统发育树

对峙培养结果参照图7-4所示，对照组和对峙组均为培养7 d的试验图片，对照的病原菌生长较快，而对峙平板培养中的木霉菌丝迅速占领生长空间，对峙培养3 d即可观察到对病原菌的拮抗作用，病原菌的生长明显受限；对峙培养7 d后木霉菌将病原菌包围，占据整个培养皿，使病原菌几乎不再生长。在平板对峙培养过程中，菌株Tri403对人参菌核病菌（*S.schinseng*）、人参炭疽病菌（*C.panacicola*）、人参锈腐病菌（*I.robusta*）、人参黑斑病菌（*A.panax*）和人参根腐病菌（*F.oxysporum*）的抑菌率分别为87.29%、88.73%、90.12%、83.34%、88.47%。

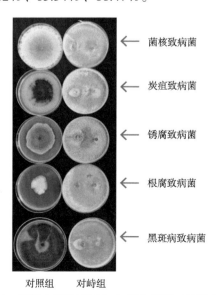

图7-4 渐绿木霉Tri403与人参致病菌对峙培养结果

（四）菌株 Tri802 的形态特征、鉴定及拮抗作用

该菌株在PDA培养基上，气生菌丝茂盛，生长速度快，3 d能够长满整个培养皿。菌落无明显的环纹出现，产孢区均匀分布，菌落浓厚。分生孢子单生或簇生，绿色，卵圆形或椭圆形；分生孢子梗单生或对生，分支夹角呈锐角或近似直角，在分生孢子梗顶端直接产生瓶梗，瓶梗弯曲；厚垣孢子为球形或梨形，有基点。根据菌株Tri802的培养特性和形态特征，初步判断该菌株为深绿木霉*Trichoderma atroviride*。

通过通用引物ITS4/ITS5对分离出的菌株的rDNA-ITS序列进行了测序分析。经测序可知，该菌株的rDNA-ITS序列长度为589 bp，序列为：CAAGGTCTCCGTTGGTGAACCAGCGGAGGGATCATTACCGAGTTTACAACTCCCAAACCCAATGTGAACCATACCAAACTGTTGCCTCGGCGGGGTCACGCCCCGGGTGCGTCGCAGCCCCGGAACCAGGCGCCCGCCGGAGGGACCAACCAAACTCTTTCTGTGGTCCCCTCGCGGACGTTATTTCTTACAGCTCTGAGCAAAAATTCAAAATGAATCAAAACTTTCAACAACGGATCTCTTGGTTCTGGCATCGATGAAGAACGCAGCGAAATGCGATAAGTAATGTGAATTGCAGAATTCAGTGAATCATCGAATCTTTGAACGCACATTGCGCCCGCCAGTATTCTGGCGGGCATGCCTGTCCGAGCGTCATTTCAACCCTCGAACCCCTCCGGGGGGTCGGCGTTGGGGATCGGGAACCCCTAAGACGGGATCCCGGCCCCGAAATACAGTGGCGGTCTCGCCGCAGCCTCTCCTGCGCAGTAGTTTGCACAACTCGCACCGGGAGCGCGGCGCGTCCACGTCCGTAAAACACCCAACTTCTGAAATGTTGACCTCGGATCAGGTAGGAATACCCGCTGAACTTAAGCATA。进一步应用BLAST和DNAMAN等软件进行序列分析，将菌株的ITS序列通过BLAST比对，能在GenBank中找到同源性非常高的相近菌株序列。与Tri802菌株相似性最高的是*T.atroviride*，同源性达到98%。根据MEGA6.06软件以UPGMA法构建系统发育树（图7-5）发现，Tri802与*T.atroviride*同属一个遗传分支，亲缘关系十分接近。结合形态学分类和分子生物学鉴定结果，可以确认筛选分离出的菌株Tri802为深绿木霉。

对峙培养结果参照图7-6所示，对照组和对峙组均为培养7 d试验图片，对照的病原菌生长较快，而对峙培养中的木霉菌丝迅速占领生长空间，对峙培养3 d即可观察到对病原菌的拮抗作用，病原菌的生长明显受限；7 d后木霉菌将病原菌包围，占据整个培养皿，使病原菌几乎不再生长。在平板对峙培养过程中，菌株Tri802对人参菌核病菌（*S.schinseng*）、人参锈腐病菌（*I.robusta*）、人参根腐病菌（*F.oxysporum*）、人参炭疽病菌（*C.panacicola*）、人参黑斑病菌（*A.panax*）的抑菌率分别为84.47%、88.19%、89.33%、91.70%、83.75%。

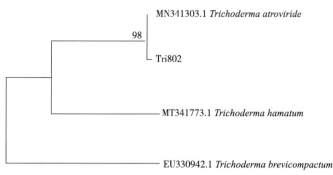

图7-5　深绿木霉菌株Tri802系统发育树

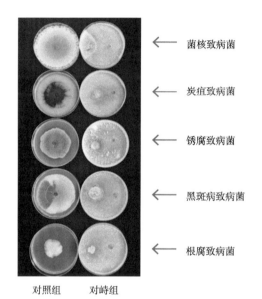

图7-6　深绿木霉Tri802与人参致病菌对峙培养结果

（五）菌株 Tri112 的形态特征、鉴定及拮抗作用

该菌株在PDA培养基上培养3 d，能蔓延至整个培养皿，白色的气生菌丝茂盛，菌落无明显的环纹出现，初为白色；培养后期，菌丝外延形成绿色的分生孢子。在培养皿边缘随机产生分生孢子堆。分生孢子单生或簇生，椭圆形，壁光滑，直径（3.2～5.6）μm×（2.5～3.4）μm；分生孢子梗直立，垂直对立分支，在分生孢子梗顶端直接产生瓶梗。瓶梗直或弯曲，圆烧瓶形或中部膨大明显。根据菌株Tri112的培养特性和形态特征，初步确定该菌株为拟康宁木霉（*Trichoderma koningiopsis*）。

设计引物对分离出的菌株的rDNA-ITS序列进行了测序分析。经测序可知，该菌株的rDNA-ITS序列长度为580 bp，序列如下所示：GCGGAGGGATCATTACCGAGTTTAC AACTCCCAAACCCAATGTGAACCATACCAAACTGTTGCCTCGGCGGGGTCACGCCC

CGGGTGCGTCGCAGCCCCGGAACCAGGCGCCCGCCGGAGGGACCAACCAAACTC
TTTCTGTAGTCCCCTCGCGGACGTTATTTCTTACAGCTCTGAGCAAAAATTCAAAAT
GAATCAAAACTTTCAACAACGGATCTCTTGGTTCTGGCATCGATGAAGAACGCAGC
GAAATGCGATAAGTAATGTGAATTGCAGAATTCAGTGAATCATCGAATCTTTGAAC
GCACATTGCGCCCGCCAGTATTCTGGCGGGCATGCCTGTCCGAGCGTCATTTCAAC
CCTCGAACCCCTCCGGGGGGTCGGCGTTGGGGATCGGGAACCCCTAAGACGGGAT
CCCGGCCCCGAAATACAGTGGCGGTCTCGCCGCAGCCTCTCCTGCGCAGTAGTTTG
CACAACTCGCACCGGGAGCGCGGCGCGTCCACGTCCGTAAAACACCCAACTTCTG
AAATGTTGACCTCGGATCAGGTAGGAATACCCGCTGAACTTAAGCATATCA。进一步
应用BLAST和DNAMAN等软件进行序列分析，将分离出的菌株的ITS序列通过BLAST
比对，能在GenBank中找到同源性非常高的相近菌株序列。其中，与Tri112菌株相似性
最高的是*Trichoderma koningiopsis*，同源性达到100%。进一步地根据MEGA6.06软件以
UPGMA法构建系统发育树（图7-7）发现，Tri112与*T.koningiopsis*同属一个遗传分支，
亲缘关系十分接近。结合形态学分类和分子生物学鉴定结果，可以确认筛选分离的菌株
Tri112为拟康宁木霉（*Trichoderma koningiopsis*）。

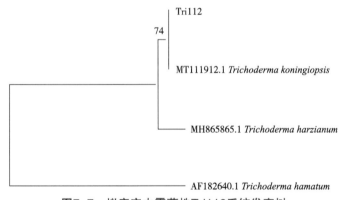

图7-7　拟康宁木霉菌株Tri112系统发育树

对峙培养结果参照图7-8所示。对照组和对峙组均为培养7 d的试验图片，对照的
病原菌生长较快，而对峙培养中的木霉菌丝迅速占领生长空间，对峙培养3 d即可观察
到对病原菌的拮抗作用，病原菌的生长明显受限；7 d后木霉菌将病原菌包围，占据
整个培养皿，使病原菌几乎不再生长。在平板对峙培养过程中，菌株Tri112对人参黑
斑病菌（*Alternaria panax*）、人参菌核病菌（*Sclerotinia schinseng*）、人参炭疽病菌
（*Colletotrichum panacicola*）、人参锈腐病菌（*Ily onectria robusta*）、人参根腐病菌
（*Fusarium oxysporum*）的抑菌率分别为87.81%、93.24%、94.51%、92.69%、90%。

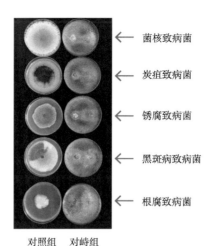

菌核致病菌

炭疽致病菌

锈腐致病菌

黑斑病致病菌

根腐致病菌

对照组　　对峙组

图7-8　拟康宁木霉Tri112与人参致病菌对峙培养结果

（六）菌株 Tri502 的形态特征、鉴定及拮抗作用

在PDA培养基上培养3 d时，菌落呈绒毛状，淡黄色同心轮纹，7 d能够长满整个培养皿，菌落呈深绿色，分生孢子簇凸起，散生，3～4个同心圆，无色素和特殊气味产生。从菌落中间开始往周围扩展并产生绿色的分生孢子，分生孢子单生或密生，近圆形或卵圆形；分生孢子梗直立，与主轴近似垂直分支，侧枝短粗。根据菌株Tri502的培养特性和形态特征，初步判断该菌株为短密木霉*Trichoderma brevicompactum*。

设计引物对分离出的菌株的rDNA-ITS序列进行了测序分析。经测序可知，该菌株的rDNA-ITS序列长度为606 bp，序列如下所示：CAAGGTCTCCGTTGGTGAACCAGCGGAGGGATCATTACCGAGTTTACAACTCCCAAACCCCAATGTGAACGTTACCAAACTGTTGCCTCGGCGGGATTTCTGCCCCGGGCGCGTCGCAGCCCCGGACCAAGGCGCCCGCCGGAGGACCAATTTACAAACTCTTTTGTATATCCCATCGCGGATTCTTTACATTCTGAGCTTTCTCGGCGCTCCTAGCGAGCGTTTCGAAAATGAATCAAAACTTTCAACAACGGATCTCTTGGTTCTGGCATCGATGAAGAACGCAGCGAAATGCGATAAGTAATGTGAATTGCAGAATTCAGTGAATCATCGAATCTTTGAACGCACATTGCGCCCGCCAGTATTCTGGCGGGCATGCCTGTCCGAGCGTCATTTCAACCCTCGAACCCCTCCGGGGGGTCGGCGTTGGGGATCGGCACTTACCTGCCGGCCCCGAAATACAGTGGCGGTCTCGCCGCAGCCTCTCCTGCGCAGTAGTTTGCACACTCGCACCGGGAGCGCGGCGCGTCCACGGCCGTAAAACAACCCAAACTTCTGAAATGTTGACCTCGGATCAGGTAGGAATACCCGCTGAACTTAAGCATA。进一步应用BLAST和DNAMAN等软件进行序列分析，将分离出的菌株的ITS序列通过BLAST比对，能在GenBank中找到同源

性非常高的相近菌株序列。与Tri502菌株相似性最高的是*T.brevicompactum*，同源性达到100%。根据MEGA6.06软件以UPGMA法构建系统发育树（图7-9）发现，Tri502与*T.brevicompactum*同属一个遗传分支，亲缘关系十分接近。结合形态学分类和分子生物学鉴定结果，可以确认菌株Tri502为短密木霉。

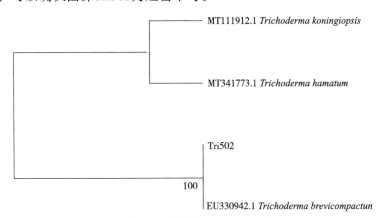

图7-9　短密木霉菌株Tri502系统发育树

对峙培养结果参照图7-10所示，对照组和对峙组均为培养7 d的试验图片，对照的病原菌生长较快，而对峙培养中的木霉菌丝迅速占领生长空间，对峙培养3 d即可观察到对病原菌的拮抗作用，病原菌的生长明显受限；7 d后木霉菌将病原菌包围，占据整个培养皿，使病原菌几乎不再生长。在平板对峙培养过程中，菌株Tri502对人参菌核病菌（*S. schinseng*）、人参锈腐病菌（*I.robusta*）、人参根腐病菌（*F.oxysporum*）、人参炭疽病菌（*C.panacicola*）、人参黑斑病菌（*A.panax*）的抑菌率分别为89.47%、82.04%、81.13%、86.49%、85.22%。

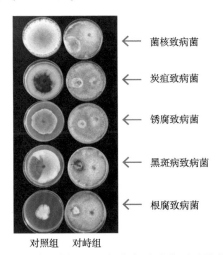

图7-10　短密木霉Tri502与人参致病菌对峙培养结果

第二节 微生物菌株在土壤改良中的应用

一、微生物菌株对土壤理化性质与微生物群落结构的影响

将农田土（未栽参的普通玉米田土壤，使用前用10目网筛筛除秸秆、石头等杂质）装入直径20 cm花盆，每盆装土2 kg。选择大小一致且生长良好的1年生人参幼苗进行移栽，每盆6株，每组6盆。将制备好的供试菌株孢子悬浮液（含菌量约为 3×10^8 cfu·mL^{-1}），用无菌水稀释成50倍液，人参幼苗先用孢子悬浮液蘸根处理，培土栽好后取30 mL孢子悬浮液灌根。对照组给予新鲜的PDB培养基。待90 d后，分别将处理组和对照组的完整人参苗挖出，取人参根区土，测定土壤理化性质。取人参根系土壤，提取土壤样品总基因组，检测土壤微生物群落结构变化，观察并测量人参的各项生长指标。

（一）钩状木霉 MM3对土壤理化性质的影响

钩状木霉MM3处理过的土壤与对照土壤（CK）的理化指标存在差异（表7-1）。MM3处理的土壤全氮量明显比对照组高26.27%，MM3处理土壤的铵态氮、硝态氮、速效磷和速效钾含量较对照组处理分别高25.40%、163.01%、11.69%和28.38%。由此得出结论：土壤理化性质因钩状木霉菌株的处理受到影响，添加钩状木霉孢子悬浮液后提高了土壤中全氮含量，增加土壤铵态氮、硝态氮、速效磷和速效钾含量。

表7-1 土壤理化性质

指标	CK	MM3
pH值	5.44 ± 0.03	5.39 ± 0.04
全氮（g/kg）	2.93 ± 0.28	3.70 ± 0.36
全磷（g/kg）	1.13 ± 0.03	1.12 ± 0.03
全钾（g/kg）	4.78 ± 0.12	4.48 ± 0.11
铵态氮（mg/kg）	82.99 ± 2.32	104.07 ± 6.69
硝态氮（mg/kg）	10.41 ± 2.89	27.38 ± 8.27
速效磷（mg/kg）	8.38 ± 0.22	9.36 ± 0.25
速效钾（mg/kg）	74.07 ± 4.04	95.09 ± 7.70

（二）毛簇木霉 Tri401 对土壤理化性质与微生物群落的影响

毛簇木霉Tri401处理过的土壤与对照土壤（CK）的理化指标存在差异（表7-2）。Tri401处理的土壤pH值比对照组处理高5.85%，全钾、铵态氮和硝态氮含量均低于对照组，全碳、全氮、全磷、速效磷和速效钾含量均高于对照组，其中速效磷和速效钾含量较对照组处理分别高9.14%和8.40%。由此得出结论：土壤理化性质因毛簇木霉Tri401菌株的处理受到影响，添加毛簇木霉Tri401孢子悬浮液后提高了土壤pH值、提高了土壤中全碳、全氮和全磷含量，增加土壤中速效磷和速效钾含量。

表7-2　土壤理化性质

指标	CK	Tri401
pH值	5.13 ± 0.13	5.43 ± 0.05
全碳（g/kg）	18.06 ± 0.02	19.18 ± 0.11
全氮（g/kg）	0.82 ± 0.01	0.92 ± 0.01
全磷（g/kg）	2.11 ± 0.09	2.18 ± 0.16
全钾（g/kg）	5.21 ± 0.1	4.95 ± 0.05
铵态氮（mg/kg）	35.39 ± 0.57	31.32 ± 0.55
硝态氮（mg/kg）	62.42 ± 3.57	62.05 ± 5.24
速效磷（mg/kg）	202.53 ± 3.54	221.05 ± 4.89
速效钾（mg/kg）	177.55 ± 2.57	192.47 ± 13.62

Tri401处理组和对照组的土壤基因组经16S测序分别得到1 806个、1 683个OTUs。其中，处理组细菌涵盖了32门、85纲、180目、289科、467属，对照组细菌涵盖了29门、81纲、172目、278科、440属；经ITS1测序处理组真菌涵盖了11门、26纲、61目、110科、183属，对照组真菌涵盖了9门、22纲、54目、108科、190属。

在门的水平上，处理组和对照组的人参土壤细菌优势菌群前3位相同（图7-11），依次为变形菌门（Proteobacteria，32.068%～34.196%）、酸杆菌门（Acidobacteria，25.051%～26.409%）、绿弯菌门（Chloroflexi，7.098%～8.704%）。但是细菌酸杆菌门（Actinobacteria）、疣微菌门（Verrucomicrobia）、拟杆菌门（Bacteroidetes）、厚壁菌门（Firmicutes）、Patescibacteria在添加Tri401生物菌剂处理土壤中地位不同（图7-11A）。细菌Proteobacteria是Tri401处理后的关键微生物，添加Tri401生物菌剂后其丰度显著高于对照（$P < 0.05$）。在门的水平上，处理组和对照组人参土壤真菌优势菌群均

为子囊菌门（Ascomycota），其中壶菌门（Chytridiomycota）在两者中地位不同；添加Tri401生物菌剂土壤中真菌被孢霉菌门（Mortierellomycota）丰度为第2位，而对照土壤中真菌担子菌门（Basidiomycota）为第2位（图7-11B）。

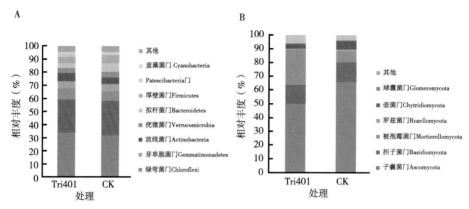

图7-11 Tri401处理土壤细菌和真菌在门水平上的相对丰度

（三）渐绿木霉 Tri403 对土壤理化性质与微生物群落的影响

渐绿木霉Tri403处理过的土壤与对照土壤（CK）的理化指标存在差异（表7-3）。Tri403处理的土壤pH值比对照组处理高1.56%，全氮、全磷、全钾、铵态氮和硝态氮含量均低于对照组，全碳、速效磷和速效钾含量均高于对照组，其中，速效钾含量较对照组处理高3.93%。由此得出结论：土壤理化性质因渐绿木霉Tri403菌株的处理受到影响，添加渐绿木霉Tri403孢子悬浮液后提高了土壤pH值、提高了土壤中全碳、速效磷和速效钾含量。

表7-3　土壤理化性质

指标	CK	Tri403
pH值	5.13 ± 0.13	5.21 ± 0.07
全碳（g/kg）	18.06 ± 0.02	18.59 ± 0.23
全氮（g/kg）	0.82 ± 0.01	0.75 ± 0.01
全磷（g/kg）	2.11 ± 0.09	2.0 ± 0.10
全钾（g/kg）	5.21 ± 0.1	4.97 ± 0.12
铵态氮（mg/kg）	35.39 ± 0.57	31.95 ± 1.84
硝态氮（mg/kg）	62.42 ± 3.57	43.89 ± 12.56
速效磷（mg/kg）	202.53 ± 3.54	202.85 ± 6.69
速效钾（mg/kg）	177.55 ± 2.57	184.52 ± 11.86

Tri403处理组和对照组的土壤基因组经16S测序分别得到1 819个、1 683个OTUs。其中，处理组细菌涵盖了32门、85纲、172目、294科、464属，对照组细菌涵盖了29门、81纲、172目、278科、440属；经ITS1测序处理组真菌涵盖了10门、24纲、59目、114科、213属，对照组真菌涵盖了9门、22纲、54目、108科、190属。

在门的水平上，处理组和对照组的人参土壤细菌优势菌群前3位相同（图7-12），依次为变形菌门Proteobacteria（32.07%～38.21%）、酸杆菌门Acidobacteria（24.24%～26.41%）、绿弯菌门Chloroflexi（7.10%～7.27%）。但是细菌变形菌门（Proteobacteria）、酸杆菌门（Acidobacteria）、芽单胞菌门（Gemmatimonadetes）、拟杆菌门（Bacteroidetes）、厚壁菌门（Firmicutes）、Patescibacteria、放线菌门（Actinobacteria）在添加Tri403生物菌剂处理土壤中地位不同（图7-12A）。细菌中的变形菌门（Proteobacteria）是Tri403处理后的关键微生物，添加Tri403生物菌剂后其丰度显著高于对照（$P < 0.05$）。在门的水平上，处理组和对照组人参土壤真菌优势菌群均为子囊菌门（Ascomycota），其中担子菌门（Basidiomycota）、被孢霉菌门（Mortierellomycota）在两种不同处理中地位不同；添加Tri403生物菌剂土壤中真菌的Basidiomycota、Mortierellomycota丰度明显高于对照组（图7-12B）。

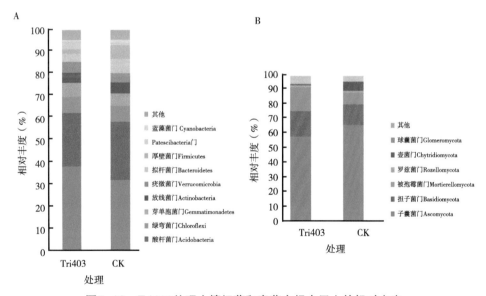

图7-12　Tri403处理土壤细菌和真菌在门水平上的相对丰度

（四）深绿木霉 Tri802 对土壤理化性质与微生物群落的影响

深绿木霉Tri802处理过的土壤与对照（CK）土壤的理化指标存在差异（表7-4）。Tri802处理的土壤pH值比对照组处理高2.53%，全碳、全磷、全钾、铵态氮、硝态氮、速效磷和速效钾含量均高于对照组，其中硝态氮、速效磷和速效钾含量较对照组处理分别高20.68%、14.03%和56.16%。由此得出结论：土壤理化性质因深绿木霉Tri802菌株的处理受到影响，添加深绿木霉Tri802孢子悬浮液后提高了土壤pH值、提高了土壤中全碳、全磷和全钾含量，增加土壤中铵态氮、硝态氮、速效磷和速效钾含量。

表7-4　土壤理化性质

指标	CK	Tri802
pH值	5.13 ± 0.13	5.26 ± 0.1
全碳（g/kg）	18.06 ± 0.02	18.26 ± 0.16
全氮（g/kg）	0.82 ± 0.01	0.73 ± 0.01
全磷（g/kg）	2.11 ± 0.09	2.13 ± 0.09
全钾（g/kg）	5.21 ± 0.1	5.44 ± 0.11
铵态氮（mg/kg）	35.39 ± 0.57	37.33 ± 2.39
硝态氮（mg/kg）	62.42 ± 3.57	75.33 ± 6.69
速效磷（mg/kg）	202.53 ± 3.54	230.95 ± 5.68
速效钾（mg/kg）	177.55 ± 2.57	227.27 ± 12.58

Tri802处理组和对照组的土壤基因组经16S测序分别得到1 774个、1 683个OTUs。其中，处理组细菌涵盖了33门、85纲、180目、295科、466属，对照组细菌涵盖了33门、85纲、183目、278科、440属；经ITS1测序处理组真菌涵盖了11门、26纲、62目、118科、205属，对照组真菌涵盖了9门、22纲、54目、108科、190属。

在门的水平上，处理组和对照组的人参土壤细菌优势菌群前3位相同（图7-13），依次为Proteobacteria（32.07%～37.02%）、Acidobacteria（22.66%～26.41%）、Chloroflexi（7.10%～7.87%）。但是细菌Gemmatimonadetes、Verrucomicrobia、Bacteroidetes、Firmicutes在添加Tri802生物菌剂处理土壤中地位不同（图7-13A）。细菌Proteobacteria是Tri802处理后的关键微生物，添加Tri802生物菌剂后其丰度显著高于对照（$P < 0.05$）。在门的水平上，处理组和对照组人参土壤真菌优势菌群均为Ascomycota，其中Mortierellomycota、Chytridiomycota在两者中地位不同；添加Tri802生物菌剂土壤中真菌Chytridiomycota丰度为第3位，而对照土壤中真菌Mortierellomycota为第3位（图7-13B）。

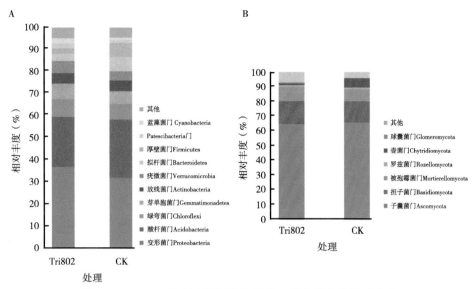

图7-13 Tri802处理土壤细菌和真菌在门水平上的相对丰度

（五）拟康宁木霉Tri112对土壤理化性质与微生物群落的影响

拟康宁木霉Tri112处理过的土壤与对照（CK）土壤的理化指标存在差异（表7-5）。Tri112处理的土壤pH值比对照组处理高3.31%，全碳、全氮、全磷、全钾、铵态氮和硝态氮含量均低于对照组，速效磷和速效钾含量较对照组处理分别高9.27%和38.64%。由此得出结论：土壤理化性质因拟康宁木霉Tri112菌株的处理受到影响，添加拟康宁木霉Tri112孢子悬浮液后提高了土壤pH值，增加土壤中速效磷和速效钾含量。

表7-5　土壤理化性质

指标	CK	Tri112
pH值	5.13 ± 0.13	5.3 ± 0.07
全碳（g/kg）	18.06 ± 0.02	16.37 ± 0.18
全氮（g/kg）	0.82 ± 0.01	0.59 ± 0.01
全磷（g/kg）	2.11 ± 0.09	1.96 ± 0.07
全钾（g/kg）	5.21 ± 0.1	5.0 ± 0.07
铵态氮（mg/kg）	35.39 ± 0.57	32.68 ± 1.30
硝态氮（mg/kg）	62.42 ± 3.57	53.69 ± 12.71

（续表）

指标	CK	Tri112
速效磷（mg/kg）	202.53 ± 3.54	221.3 ± 4.28
速效钾（mg/kg）	177.55 ± 2.57	246.16 ± 2.5

Tri112处理组和对照组的土壤基因组经16S测序分别得到1 750个、1 683个OTUs。其中，处理组细菌涵盖了29门、80纲、171目、280科、447属，对照组细菌涵盖了29门、81纲、172目、278科、440属；经ITS1测序处理组真菌涵盖了9门、25纲、61目、110科、189属，对照组真菌涵盖了9门、22纲、54目、108科、190属。

在门的水平上，处理组和对照组的人参土壤细菌优势菌群前2位相同（图7-14），依次为Proteobacteria（32.07% ~ 40.37%）与Acidobacteria（19.98% ~ 26.41%）。但是细菌中的Gemmatimonadetes、Verrucomicrobia、Bacteroidetes、Firmicutes、Patescibacteria在添加Tri112生物菌剂处理土壤中地位不同（图7-14A）。细菌Proteobacteria、Gemmatimonadetes、Actinobacteria是Tri112处理后的关键微生物，添加Tri112生物菌剂后其丰度均显著高于对照（$P < 0.05$）。在门的水平上，处理组和对照组人参土壤真菌优势菌群均为Ascomycota，添加Tri112生物菌剂后的土壤中真菌Basidiomycota丰度为第2位，Mortierellomycota丰度分别为第3位，二者多样性丰度值均高于对照组（图7-14B）。

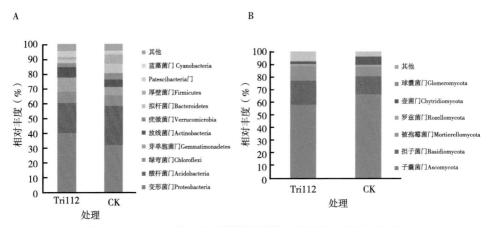

图7-14　Tri112处理土壤细菌和真菌在门水平上的相对丰度

（六）短密木霉Tri502对土壤理化性质与微生物群落的影响

短密木霉Tri502处理过的土壤与对照（CK）土壤的理化指标存在差异（表7-6）。

Tri502处理的土壤pH值比对照组处理高4.68%，全碳、全氮、全磷、全钾、铵态氮和硝态氮含量均低于对照组，速效磷和速效钾含量较对照组处理分别高5.86%和12.89%。由此得出结论：土壤理化性质因短密木霉Tri502菌株的处理受到影响，添加短密木霉Tri502孢子悬浮液后提高了土壤pH值，增加土壤中速效磷和速效钾含量。

表7-6　土壤理化性质

指标	CK	Tri502
pH值	5.13 ± 0.13	5.37 ± 0.06
全碳（g/kg）	18.06 ± 0.02	17.20 ± 0.05
全氮（g/kg）	0.82 ± 0.01	0.48 ± 0.01
全磷（g/kg）	2.11 ± 0.09	2.03 ± 0.05
全钾（g/kg）	5.21 ± 0.1	4.76 ± 0.15
铵态氮（mg/kg）	35.39 ± 0.57	30.43 ± 1.07
硝态氮（mg/kg）	62.42 ± 3.57	48.34 ± 8.29
速效磷（mg/kg）	202.53 ± 3.54	214.4 ± 0.94
速效钾（mg/kg）	177.55 ± 2.57	200.43 ± 19.03

　　Tri502处理组和对照组的土壤基因组经16S测序分别得到1 797个、1 683个OTUs。其中，处理组细菌涵盖了33门、87纲、180目、293科、465属，对照组细菌涵盖了29门、81纲、172目、278科、440属；经ITS1测序处理组真菌涵盖了9门、22纲、51目、97科、168属，对照组真菌涵盖了9门、22纲、54目、108科、190属。

　　在门的水平上，处理组和对照组的人参土壤细菌优势菌群前5位相同（图7-15），依次为Proteobacteria（32.07% ~ 37.76%）、Acidobacteria（24.36% ~ 26.41%）、Chloroflexi（7.098% ~ 8.197%）、Gemmatimonadetes（5.529% ~ 6.702%）、Actinobacteria（4.937% ~ 5.409%）。但是细菌Proteobacteria、Actinobacteria、Bacteroidetes、Firmicutes在添加Tri502生物菌剂处理土壤中地位不同（图7-15A）。细菌Proteobacteria是Tri502处理后的关键微生物，添加Tri502生物菌剂后其丰度显著高于对照（$P < 0.05$）。在门的水平上，处理组和对照组人参土壤真菌优势菌群均为子囊菌门Ascomycota，添加Tri502生物菌剂土壤中真菌被孢霉菌门Mortierellomycota丰度为第2位，而对照土壤中真菌担子菌门Basidiomycota为第2位（图7-15B）。

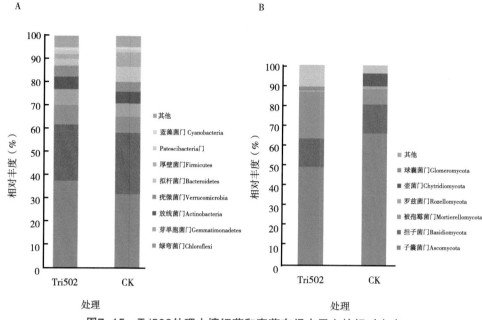

A

B

图7-15　Tri502处理土壤细菌和真菌在门水平上的相对丰度

二、微生物菌株对栽培人参的促生长作用

将生长有供试菌株的试管斜面种活化，取2个5 mm菌饼接种于用250 mL三角瓶装的100 mL马铃薯葡萄糖液体培养基（PDB）中，在170 r/min，25℃下培养48 h，获得种子液；将种子液以10%（体积比）接种于发酵培养液中培养，在170 r/min，25℃下培养96 h，获得培养液；将培养液经2层无菌纱布过滤，滤液经血球计数板计数，将孢子悬浮液分散至6 g/L^{-1}羧甲基纤维素钠（CMC）溶液中，获得孢子悬浮液，孢子含量为（1~3）×10^{5}个/mL。

采用盆栽试验法测定供试菌株对人参的促生作用。将农田土（未栽参的普通玉米田土壤，使用前用10目网筛筛除秸秆、石头等杂质）装入直径为20 cm花盆，每盆装土2 kg。选择大小一致且生长良好的1年生人参幼苗进行移栽，每盆6株，每处理6盆。将制备好的孢子悬浮液 [含菌量约为（1~3）×10^8 cfu/mL]，用无菌水稀释成10倍液，人参幼苗先用孢子悬浮液蘸根处理，培土栽好后取30 mL孢子悬浮液灌根。对照组给予新鲜的PDB培养基。待人参苗长到90 d后，分别将处理组和对照组的完整人参苗挖出，洗去根部泥土，测量其茎叶鲜重和根鲜重指标。然后105℃烘干至恒温，测茎叶干重和根干重。

（一）钩状木霉 MM3 对栽培人参的促生长作用

由表7-7可知，与对照组（CK）相比，MM3孢子悬浮液处理组人参地上茎叶部分干重增加16.30%，鲜重增加32.23%；人参根的干重增加18.56%，鲜重增加50.50%。证明钩状木霉MM3对人参根、茎、叶生长具有显著的促生作用（$P < 0.05$），同时也说明钩状木霉MM3对人参是安全的。

表7-7 钩状木霉MM3对人参的促生作用

处理	地上茎叶部分鲜重（g）	根鲜重（g）	地上茎叶部分干重（g）	根干重（g）
对照组	3.94	8.16	1.13	3.88
MM3孢子悬浮液处理组	5.21	12.28	1.35	4.60
增长率	32.23%	50.50%	16.30%	18.56%

表7-8表明施用钩状木霉菌包子悬浮液后，可以改善农田土栽参的弊端，缓解病害的发生，保证存苗率。普通农田土种植人参，幼苗存活率是53.8%，而MM3处理组的存苗率是83.3%。普通农田土种植人参病情指数为35.7，而MM3处理组的病情指数为13.3。

表7-8 钩状木霉MM3对人参苗的存活及病害侵染情况

处理	存苗率（%）	病情指数
对照组	53.80	35.7
MM3孢子悬浮液处理组	83.30	13.3

（二）毛簇木霉 Tri401 对栽培人参的促生长作用

由表7-9可知，人参一个生育周期结束后，从人参的整体长势来看，须根发达，存苗率为83.3%，对照组为50.0%。经过毛簇木霉灌根处理可以有效保证存苗率。Tri401处理的人参鲜质量比CK增加了12.60%，干质量比CK增加了45.10%。说明施用毛簇木霉Tri401有利于人参干物质积累，对人参有明显的促生作用。

表7-9 毛簇木霉Tri401对人参的促生作用

处理	地上鲜重（g）	根鲜重（g）	地上干重（g）	根干重（g）	存苗率（%）
Tri401处理组	0.85 ± 0.09a	1.92 ± 0.20a	0.19 ± 0.02a	0.55 ± 0.06a	83.3
CK	0.9 ± 0.05a	1.56 ± 0.12b	0.15 ± 0.02b	0.36 ± 0.05b	50.0

同列不同小写字母表示处理间在$p < 0.05$水平下差异显著。下同。

（三）渐绿木霉Tri403对栽培人参的促生长作用

由表7-10可知，一个生育周期结束后，从人参的整体长势来看，须根发达，存苗率为72.2%，对照组仅为50.0%，经过渐绿木霉灌根处理可以有效保证存苗率。而Tri403处理的人参鲜质量比CK增加了44.8%，干质量比CK增加了26.1%。说明施用Tri403有利于人参干物质积累，对人参具有显著的促生作用。

表7-10　渐绿木霉Tri403对人参的促生作用

处理	地上鲜重（g）	根鲜重（g）	地上干重（g）	根干重（g）	存苗率（%）
Tri403处理组	1.01±0.1a	1.70±0.12a	0.24±0.06a	0.45±0.03a	72.2
CK	0.9±0.05a	1.56±0.12b	0.15±0.02b	0.36±0.05b	50.0

（四）深绿木霉Tri802对栽培人参的促生长作用

由表7-11可知，人参一个生育周期结束后，从人参的整体长势来看，须根发达，存苗率为66.7%，对照组为50.0%。经过深绿木霉灌根处理可以有效保证存苗率。Tri802处理的人参鲜质量比CK增加了4.47%，干质量比CK增加了49.02%。说明施用深绿木霉Tri802有利于人参干物质积累，对人参有明显的促生作用。

表7-11　深绿木霉Tri802对人参的促生作用

处理	地上鲜重（g）	根鲜重（g）	地上干重（g）	根干重（g）	存苗率（%）
Tri802处理组	1.07±0.20a	1.50±0.10a	0.33±0.03a	0.43±0.03a	66.7
CK	0.9±0.05a	1.56±0.12b	0.15±0.02b	0.36±0.05b	50.0

（五）拟康宁木霉Tri112对栽培人参的促生长作用

表7-12表明，人参一个生育周期结束后，从人参的整体长势来看，须根发达，存苗率为77.8%，对照组仅为50.0%，表面采用拟康宁木霉Tri112孢子悬浮液灌根处理可以有效提升存苗率。Tri112处理的人参鲜重比CK的鲜重增加了15.45%，干重比CK增加了35.30%。说明施用Tri112有利于人参干物质积累，对人参有明显的促生作用。

表7-12　拟康宁木霉Tri112对人参的促生作用

处理	地上鲜重（g）	根鲜重（g）	地上干重（g）	根干重（g）	存苗率（%）
Tri112处理组	1.12 ± 0.05a	1.72 ± 0.04a	0.22 ± 0.01a	0.47 ± 0.02a	77.8
CK	0.9 ± 0.05a	1.56 ± 0.12b	0.15 ± 0.02b	0.36 ± 0.05b	50.0

（六）短密木霉 Tri502 对栽培人参的促生长作用

表7-13表明，人参一个生育周期结束后，从人参的整体长势来看，处理组的须根发达，存苗率为87.5%，而对照组的存苗率仅为50.0%，经过短密木霉灌根处理可以有效保证存苗率。Tri502处理的人参鲜质量比CK增加了20.73%，干质量比CK增加了49.02%。说明施用Tri502有利于人参干物质积累，对人参具有明显的促生作用。

表7-13　短密木霉Tri502对人参的促生作用

处理	地上鲜重（g）	根鲜重（g）	地上干重（g）	根干重（g）	存苗率（%）
Tri502处理组	0.94 ± 0.03a	2.03 ± 0.1a	0.20 ± 0.02a	0.56 ± 0.1a	87.5
CK	0.9 ± 0.05a	1.56 ± 0.12b	0.15 ± 0.02b	0.36 ± 0.05b	50.0

三、微生物菌株缓解人参、西洋参枯叶病作用

人参、西洋参枯叶病主要是人参种植在农田土中，生长期展叶开花后，叶片出现从叶尖或边缘干枯、卷曲，逐渐向主叶脉和叶柄处蔓延，发生趋势从老叶向新叶扩展，最后整株地上部分枯死。严重影响植物光合作用，导致人参、西洋参产量和品质急剧下降。

采用盆栽试验法测定供试菌株对人参的促生作用。将农田土（未栽参的普通玉米田土壤，使用前用10目网筛筛除秸秆、石头等杂质）装入直径为20 cm花盆，每盆装土2 kg。选择大小一致且生长良好的一年生人参幼苗进行移栽，每盆6株，每处理6盆。将制备好的供试菌株孢子悬浮液［含菌量为（1～3）× 10^8 cfu·mL^{-1}］，用无菌水稀释成10倍液，人参幼苗先用供试菌株孢子悬浮液蘸根处理，培土栽好后取30 mL菌株孢子悬浮液灌根。对照组给予新鲜的PDB培养基。待人参苗长到90 d后，观察两组人参生长情况。

选择栽培西洋参的地块作为试验基地，处理小区面积设为1.5 m×1.5 m，每个处理3次重复；在5月下旬施用供试菌株孢子悬浮液灌根处理，孢子悬浮液［含菌量为（1~3）×10^8 cfu/mL］稀释10倍后，间隔10~15 d施用1次，共施3次。观察西洋参生长情况。

（一）菌株Tri401对人参、西洋参枯叶病的缓解作用

添加Tri401的结果如图7-16所示，对照组出现叶尖及边缘干枯—人参枯叶病，添加Tri401的处理组人参枯叶病的症状几乎未出现或有所缓解。

未做任何处理的对照组出现叶尖及边缘干枯—西洋参枯叶病，Tri401处理组枯叶病发病程度明显低于对照组（图7-17）。说明Tri401可以有效缓解西洋参枯叶病的发生。

图7-16 对照土壤和Tri401处理土壤人参生长情况

图7-17 对照土壤和Tri401处理土壤西洋参生长情况

（二）菌株 Tri403 对人参、西洋参枯叶病的缓解作用

添加Tri403的结果如图7-18所示，对照组出现叶尖及边缘干枯—人参枯叶病，添加Tri403的处理组人参枯叶病的症状几乎未出现或有所缓解，说明Tri403能有效缓解农田土栽参枯叶病的发生。

未做任何处理的对照组出现叶尖及边缘干枯—西洋参枯叶病，Tri403处理组枯叶病发病程度明显低于对照组（图7-19）。说明Tri403可以有效缓解西洋参枯叶病的发生。

图7-18　对照土壤和Tri403处理土壤人参生长情况

图7-19　对照土壤和Tri403处理土壤西洋参生长情况

（三）菌株 Tri802 对人参、西洋参枯叶病的缓解作用

添加Tri802的结果如图7-20所示，对照组出现叶尖及边缘干枯—人参枯叶病，添加Tri802的处理组人参枯叶病的症状几乎未出现或有所缓解，说明Tri802能有效缓解农田土栽参枯叶病的发生。

未做任何处理的对照组出现叶尖及边缘干枯—西洋参枯叶病，Tri802处理组枯叶病发病程度明显低于对照组（图7-21）。说明Tri802可以有效缓解西洋参枯叶病的发生。

图7-20　对照土壤和Tri802处理土壤人参生长情况

图7-21　对照土壤和Tri802处理土壤西洋参生长情况

（四）菌株Tri112对人参、西洋参枯叶病的缓解作用

添加Tri112的结果如图7-22所示，对照组出现农田土栽参人参枯叶病的典型症状，添加Tri112的处理组人参枯叶病的症状几乎未出现或有所缓解，说明Tri112能有效缓解人参枯叶病的发生。

未做任何处理的对照组出现西洋参枯叶病，Tri112处理组枯叶病发病程度明显低于对照组（图7-23）。说明Tri112可以有效缓解西洋参枯叶病的发生。

图7-22 对照土壤和Tri112处理土壤人参生长情况

图7-23 对照土壤和Tri112处理土壤西洋参生长情况

（五）菌株 Tri502 对人参、西洋参枯叶病的缓解作用

添加Tri502的结果如图7-24所示，对照组出现人参枯叶病，添加Tri502的处理组人参枯叶病的症状几乎未出现或有所缓解，说明Tri502能有效缓解农田土栽参枯叶病的发生。

图7-24 对照土壤和Tri502处理土壤人参生长情况

未做任何处理的对照组出现西洋参枯叶病，Tri502处理组枯叶病发病程度明显低于对照组（图7-25）。说明Tri502可以有效缓解西洋参枯叶病的发生。

图7-25　对照土壤和Tri502处理土壤西洋参生长情况

参考文献

国家药典委员会，2020. 中国药典. 北京：中国医药科技出版社：1088.

AKINOLA S A，AYANGBENRO A S，BABALOLA O O，2021. Metagenomic Insight into the Community Structure of Maize-Rhizosphere Bacteria as Predicted by Different Environmental Factors and Their Functioning within Plant Proximity. Microorganisms （9）：1419.

ANJUM N A，SHARMA P，GILL S S，et al.，2016. Catalase and ascorbate peroxidase-representative H_2O_2-detoxifying heme enzymes in plants. Environ. Sci. Pollut. R. 23, 19002-19029.

ASIBI A E，CHAI Q，COULTER J A，2019. Rice Blast：A Disease with Implications for Global Food Security. Agronomy-Basel（9）：451.

BAG S，MONDAL A，MAJUMDER A，et al.，2022. Flavonoid mediated selective cross-talk between plants and beneficial soil microbiome. Phytochem. Rev.（21）：1-22.

BAO Y，QI B，HUANG W，et al.，2020. The fungal community in non-rhizosphere soil of *Panax ginseng* are driven by different cultivation modes and increased cultivation periods. Peer J（8）：e9930.

BERENDSEN R L，PIETERSE C M，BAKKER P A.，2012. The rhizosphere microbiome and plant health. Trends. Plant. Sci.（17）：478-486.

BIAN X，XIAO S，ZHAO Y，et al.，2020. Comparative analysis of rhizosphere soil physiochemical characteristics and microbial communities between rusty and healthy ginseng root. Sci. Rep.（10）：15756.

BOECKX T，WEBSTER R，WINTERS A L，et al.，2015. Polyphenol oxidase-mediated protection against oxidative stress is not associated with enhanced photosynthetic efficiency. Ann. Bot-London.（116）：529-540.

BRIAT J F，RAVET K，ARNAUD N，et al.，2010. New insights into ferritin synthesis and function highlight a link between iron homeostasis and oxidative stress in plants. Ann. Bot-London. （105）：811-822.

CHOBOT V，HADACEK F，2010. Iron and its complexation by phenolic cellular metabolites：from oxidative stress to chemical weapons. Plant. Signal. Behav. （5）：4-8.

CAPORASO J G，KUCZYNSKI J，STOMBAUGH J，et al.，2010. QIIME allows analysis of high-throughput community sequencing data. Nat. Methods（7）：335-336. doi：10.1038/nmeth.f.303

CRANE Y M A，KORTH K L，2002. Regulated accumulation of 3-hydroxy-3-methylglutaryl CoA reductase protein in potato cell cultures：effects of calcium and enzyme inhibitors. J. Plant Physiol. 159（12）：1301-1307. https://doi.org/10.1078/0176-1617-00874

DAI X，WANG Y，ZHANG W. H，2016. OsWRKY74，a WRKY transcription factor，modulates tolerance to phosphate starvation in rice. J. Exp. Bot. （67）：947-960.

DE DORLODOT S，LUTTS S，BERTIN P，2005. Effects of Ferrous Iron Toxicity on the Growth and Mineral Composition of an Interspecific Rice. Journal of Plant Nutrition（28）：120.

DONG C，XI Y，CHEN X L，et al.，2021. Genome-wide identification of AP2/EREBP in *Fragaria vesca* and expression pattern analysis of the FvDREB subfamily under drought stress. BMC. Plant. Biol. （21）：14.

DONG L，XU J，ZHANG L，Y，et al.，2017. Highthroughput sequencing technology reveals that continuous cropping of American ginseng results in changes in the microbial community in arable soil. Chin. Med. （12）：1-11. doi：10.1186/s13020-017-0139-8.

FFARH E A，KIM Y J，KIM Y J，et al.，2018. Mini review：*Cylindrocarpon destructans/Ilyonectria radicicola*-species complex：causative agent of ginseng root-rot disease and rusty symptoms. J. Ginseng Res. （42）：9-15. doi：10.1016/j.jgr.2017.01.004

FISHER M C，HENK D A，BRIGGS C J，et al.，2012. Emerging fungal threats to animal，plant and ecosystem health. Nature（484）：186-194.

GIBBS D J，CONDE J V，BERCKHAN S，et al.，2015. Group VII Ethylene Response Factors Coordinate Oxygen and Nitric Oxide Signal Transduction and Stress Responses in Plants. Plant. Physiol. （169）：23-31.

GU H，YAN K，YOU Q，et al.，2021. Soil indigenous microorganisms weaken the synergy of Massilia sp. WF1 and *Phanerochaete chrysosporium* in phenanthrene biodegradation. Sci. Total. Environ. （781）：146655.

HAWKINS B J，ROBBINS S，2010. pH Affects Ammonium，Nitrate and Proton Fluxes in the Apical Region of Conifer and Soybean Roots. Physiologia Plantarum（138）: 238247.

HE C, WANG R, DING W L, et al., 2022. Effects of cultivation soils and ages on microbiome in the rhizosphere soil of Panax ginseng. Appl. Soil. Ecol.（174）: 104397.

HE Z, CHEN H, LIANG L, DONG J, et al., 2019. Alteration of crop rotation in continuous *Pinellia ternate* cropping soils profiled via fungal ITS amplicon sequencing. Lett. Appl. Microbiol.（68）: 522-529.

JANVIER C, VILLENEUVE F, ALABOUVETTE C, et al., 2007. Soil health through soil disease suppression: Which strategy from descriptors to indicators? Soil. Biol. Biochem.（39）: 1-23.

JI L, NASIR F, TIAN L, et al., 2021b. Outbreaks of Root Rot Disease in Different Aged American Ginseng Plants Are Associated With Field Microbial Dynamics. Front. Microbiol.（12）: 676880.

JIAO X L, BI W, LI M, et al., 2011. Dynamic response of ginsenosides in American ginseng to root fungal pathogens. Plant. Soil.（339）: 317-327.

JIN Q, ZHANG Y, WANG Q, et al., 2022. Effects of potassium fulvic acid and potassium humate on microbial biodiversity in bulk soil and rhizosphere soil of *Panax ginseng*. Microbiol. Res.（254）: 126914.

KUKI Y, OHNO R, YOSHIDA K, et al., 2020. Heterologous expression of wheat WRKY transcription factor genes transcriptionally activated in hybrid necrosis strains alters abiotic and biotic stress tolerance in transgenic *Arabidopsis*. Plant. Physiol. Bioch.（150）: 71-79.

LEI F, FU J, ZHOU R, et al., 2017. Chemotactic response of ginseng bacterial soft-rot to ginseng root exudates. Saudi J. Biol. Sci.（24）: 1620-1625. doi: 10.1016/j.sjbs.2017.05.006

LI T, CHOI K, JUNG B, et al., 2022. Biochar inhibits ginseng root rot pathogens and increases soil microbiome diversity. Appl. Soil. Ecol.（169）: 8.

LI X, DE BOER W, ZHANG Y, et al., 2018a. Suppression of soil-borne *Fusarium* pathogens of peanut by intercropping with the medicinal herb *Atractylodes lancea*. Soil Biol. Biochem.（116）: 120-130. doi: 10.1016/j.soilbio.2017.09.029

LIN H, LIU C, LI B, et al., 2021. *Trifolium repens* L. regulated phytoremediation of heavy metal contaminated soil by promoting soil enzyme activities and beneficial rhizosphere associated microorganisms. Hazard. Mater.（402）: 123829.

LIU S, WANG Z Y, NIU J F, DANG K K, et al., 2021. Changes in physicochemical properties, enzymatic activities, and the microbial community of soil significantly influence the continuous cropping of *Panax quinquefolius* L.（American ginseng）. Plant. Soil. （463）：427-446.

MA R，FU B Y，SONG S K，et al.，2021. Ginsenoside Biosynthesis in *Panax Ginseng* with Red-Skin Disease Is Inhibited by Soil Characteristics. Soil. Sci. Plant. Nut.（21）：2264-2273.

NORONHA M F，LACERDA JUNIOR G V，GILBERT J A，et al.，2017. Taxonomic and functional patterns across soil microbial communities of global biomes. Sci. Total. Environ. （609）：1064-1074.

NOWEMBABAZI A，TAULYA G，TINZAARA W，2021. Contribution of biofertiliser （*Frateuria auranta*）in an integrated potassium management package on growth of apple banana. Open Journal of Soil Science（11）：17.

PANG Q Y，ZHANG A Q，ZANG W.，et al.，2016. Integrated proteomics and metabolomics for dissecting the mechanism of global responses to salt and alkali stress in *Suaeda corniculata*. Plant. Soil.（402）：379-394.

PARK S Y，YU J W，PARK J S，et al.，2007. The senescence-induced staygreen protein regulates chlorophyll degradation. Plant. Cell.（19）：1649-1664.

PLATT S R，CLYDESDALE F M，2006. Binding of iron by lignin in the presence of various concentrations of calcium，magnesium，and zinc. Food Sci. 50（5）：1322-1326. https://doi.org/10.1111/j.1365-2621.1985.tb10468.x.

QI Y Q，LIU H L，ZHANG B P，et al.，2022. Investigating the effect of microbial inoculants Frankia F1 on growth-promotion，rhizosphere soil physicochemical properties，and bacterial community of ginseng. Appl. Soil. Ecol.（172）：104369.

QUINET M，VROMMAN D，CLIPPE A，et al.，2012. Combined transcriptomic and physiological approaches reveal strong differences between short- and long-term response of rice（*Oryza sativa*）to iron toxicity. Plant. Cell Environ.（35）：1837-1859.

RAVET K，TOURAINE B，BOUCHEREZ J，et al.，2009. Ferritins control interaction between iron homeostasis and oxidative stress in *Arabidopsis*. Plant.（57）：400-412.

RICACHENEVSKY F K，SPEROTTO R A，MENGUER P K，et al.，2010. Identification of Fe-excess-induced genes in rice shoots reveals a WRKY transcription factor responsive to Fe，drought and senescence. Mol. Biol. Rep.（37）：3735-3745.

SA G，YAO J，DENG C，et al.，2019. Amelioration of nitrate uptake under salt stress by ectomycorrhiza with and without a Hartig net. New. Phytol.（222）：1951-1964.

SHANMUGAM V，LO J C，YEH K C，2013. Control of Zn uptake in *Arabidopsis halleri*：

a balance between Zn and Fe. Front. Plant. Sci. （4）: 281.

SHEN C, YANG Y, LIU K, et al., 2016. Involvement of endogenous salicylic acid in iron-deficiency responses in *Arabidopsis*. Exp. Bot. （67）: 4179−4193.

SHEN Z, RUAN Y, CHAO X, et al., 2015. Rhizosphere microbial community manipulated by 2 years of consecutive biofertilizer application associated with banana *Fusarium* wilt disease suppression. Biol. Fertil. Soils （51）: 553−562.

SIVAKUMAR K, SHARMILA D J S, MURALI S, et al., 2021. Synthesis and Characterization of Iron Chelates Using Organic and Amino acids as a Chelating Agents and Evaluation of Their Efficiency in Improving the Growth, Yield and Quality of Blackgram. Journal of AgriSearch （8）: 325−330.

SPEROTTO R A, BOFF T, DUARTE G L, et al., 2008. Increased senescence-associated gene expression and lipid peroxidation induced by iron deficiency in rice roots. Plant. Cell. Rep. （27）: 183−195.

SUN H, WANG Q X, LIU N, et al., 2017. Effects of different leaf litters on the physicochemical properties and bacterial communities in *Panax ginseng*-growing soil. Appl. Soil Ecol. （111）: 17−24.

TAHJIB-UL-ARIF M, ZAHAN M I, KARIM M M, et al., 2021. Citric Acid-Mediated Abiotic Stress Tolerance in Plants. Int. Mol. Sci. （22）: 7235.

TAYYAB M, ISLAM W, LEE C G, et al., 2019. Short-term effects of different organic amendments on soil fungal composition. Sustainability 11: 198. doi: 10.3390/su11010198.

THEIL E C, 2003. Ferritin: at the crossroads of iron and oxygen metabolism. J. Nutr. （133）: 1549s−1553s.

TIAN L, OU J, SUN X, et al., 2021. The discovery of pivotal fungus and major determinant factor shaping soil microbial community composition associated with rot root of American ginseng. Plant. Signal. Behav. （16）: 1952372.

VORISKOVA J, BALDRIAN P, 2013. Fungal community on decomposing leaf litter undergoes rapid successional changes. ISME. J. （7）: 477−486.

WANG Q, JIN Q, MA Y, et al., 2021. Iron toxicity-induced regulation of key secondary metabolic processes associated with the quality and resistance of *Panax ginseng* and *Panax quinquefolius*. Ecotox. Environ. Safe. （224）: 112648.

WANG X, WANG Y, ZHU F, et al., 2021b. Effects of Different Land Use Types on Active Autotrophic Ammonia and Nitrite Oxidizers in Cinnamon Soils. Appl. Environ. Microb. （87）: e0009221.

WU C，YIN Y L，YANG X M，ct al.，2019. A Markov-based model for predicting the development trend of soil microbial communities in saline-alkali land in Wudi County. Concurr. Comp-Pract. E.（31）：8.

XIAO C，YANG L，ZHANG L，et al.，2016. Effects of cultivation ages and modes on microbial diversity in the rhizosphere soil of *Panax ginseng*. Ginseng. Res.（40）：28-37.

XU J，CHU Y，LIAO B，et al.，2017. *Panax ginseng* genome examination for ginsenoside biosynthesis. GigaScience 6，1-15. doi：10.1093/gigascience/gix093.

YAN J Y，LI C X，SUN L，et al.，2016. A WRKY Transcription Factor Regulates Fe Translocation under Fe Deficiency. Plant. Physiol.（171）：2017-2027.

YE D H，LI T X，YU H Y，et al.，2020. Characteristics of bacterial community in root-associated soils of the mining ecotype of *Polygonum hydropiper*，a P-accumulating herb. Appl. Soil. Ecol.（150）：8.

YING Y X，DING W L，LI Y，2012. Characterization of soil bacterial communities in rhizospheric and nonrhizospheric soil of *Panax ginseng*. Biochem. Genet.（50）：848-859.

ZHANG Q P，WANG J.，WANG Q，2021b. Effects of abiotic factors on plant diversity and species distribution of alpine meadow plants. Ecol. Inform.（61）：8.

ZHANG S，LIU J，XU B，et al.，2021. Differential Responses of *Cucurbita pepo* to *Podosphaera xanthii* Reveal the Mechanism of Powdery Mildew Disease Resistance in Pumpkin. Front. Plant. Sci.（12）：633221.

ZHANG Y T，DING K，YRJALA K，et al.，2021a. Introduction of broadleaf species into monospecific *Cunninghamia lanceolata* plantations changed the soil Acidobacteria subgroups composition and nitrogen-cycling gene abundances. Plant. Soil.（467）：29-46.

ZHANG Y，XU Y H，YI H Y，et al.，2012. Vacuolar membrane transporters OsVIT1 and OsVIT2 modulate iron translocation between flag leaves and seeds in rice. Plant. J.（72）：400-410.

ZHOU Y，YANG Z，GAO L，et al.，2017. Changes in element accumulation，phenolic metabolism，and antioxidative enzyme activities in the redskin roots of *Panax ginseng*. Ginseng Res.（41）：307-315.